电力行业职业能力培训教材

U0507494

《电力行业电缆附件安装人员培训考核规范》
（T/CEC 194—2018）辅导教材

中国电力企业联合会技能鉴定与教育培训中心
中电联人才测评中心有限公司　组编

欧阳本红　主编

中国水利水电出版社
www.waterpub.com.cn

·北京·

内 容 提 要

本书为《电力行业电缆附件安装人员培训考核规范》（T/CEC 194—2018）的配套教材，详细阐述了电力行业从事电缆附件安装人员的能力培训模块及能力项内容，旨在为电缆附件安装人员培训提供标准化培训教材，规范电力行业电缆附件安装人员专业能力培训和评价内容，完善电力行业电缆附件安装技能培训体系，全面提升电缆附件安装人员实际应用技能水平。

本书为电力行业电缆附件安装人员能力等级考试必备教材，可作为电缆附件安装人员岗位培训、取证的辅导用书，也作为电缆附件安装技能竞赛学习参考用书以及供电公司电缆专业管理人员和院校相关专业师生阅读参考书。

图书在版编目（CIP）数据

《电力行业电缆附件安装人员培训考核规范》(T/CEC 194-2018)辅导教材 / 欧阳本红主编 ；中国电力企业联合会技能鉴定与教育培训中心，中电联人才测评中心有限公司组编. -- 北京 ：中国水利水电出版社，2020.12
　　ISBN 978-7-5170-9016-8

Ⅰ．①电… Ⅱ．①欧… ②中… ③中… Ⅲ．①电力电缆－电缆附件－安装－技术培训－教材 Ⅳ．①TM247

中国版本图书馆CIP数据核字(2020)第224197号

书　　名	《电力行业电缆附件安装人员培训考核规范》(T/CEC 194—2018) 辅导教材 《DIANLI HANGYE DIANLAN FUJIAN ANZHUANG RENYUAN PEIXUN KAOHE GUIFAN》(T/CEC 194—2018) FUDAO JIAOCAI
作　　者	中国电力企业联合会技能鉴定与教育培训中心 组编 欧阳本红 主编 中电联人才测评中心有限公司
出版发行	中国水利水电出版社 (北京市海淀区玉渊潭南路 1 号 D 座　100038) 网址：www.waterpub.com.cn E-mail：sales@waterpub.com.cn 电话：(010) 68367658 (营销中心)
经　　售	北京科水图书销售中心 (零售) 电话：(010) 88383994、63202643、68545874 全国各地新华书店和相关出版物销售网点
排　　版	中国水利水电出版社微机排版中心
印　　刷	天津嘉恒印务有限公司
规　　格	170mm×240mm　16 开本　9.75 印张　175 千字
版　　次	2020 年 12 月第 1 版　2020 年 12 月第 1 次印刷
印　　数	0001—5000 册
定　　价	**88.00 元**

《电力行业职业能力培训教材》
编审委员会

本书编写组

组编单位　中国电力企业联合会技能鉴定与教育培训中心
　　　　　中电联人才测评中心有限公司

主编单位　长缆电工科技股份有限公司
　　　　　中能国研（北京）电力科学研究院

成员单位　中国电力科学研究院
　　　　　国网江苏省电力有限公司技能培训中心
　　　　　国网河南省电力公司技能培训中心
　　　　　广州市电力工程有限公司
　　　　　国网天津市电力公司培训中心
　　　　　广州供电局有限公司培训与评价中心
　　　　　国网湖北省电力有限公司技术培训中心
　　　　　国网四川省电力公司电力科学研究院
　　　　　国网陕西省电力公司西安供电公司
　　　　　深圳供电局有限公司
　　　　　广东电网广州供电局培训与评价中心
　　　　　南方电网科学研究院有限责任公司
　　　　　沈阳古河电缆有限公司
　　　　　长园电力技术有限公司

本书编写人员名单

主　　编　欧阳本红
副 主 编　王德海　　赵玉谦　　翟子聪　　李绍斌
编写人员　张淑琴　　陆浩臻　　马琳琦　　张晓卿　　孔祥海
　　　　　刘凤莲　　郑建康　　闫　峰　　胡力广　　王炼兵
　　　　　顾　侃　　惠宝军　　邱冠武　　彭　勇　　唐文博
　　　　　郝　钢　　赵海军　　周长城　　强　卫　　李春洋
　　　　　胡　飞

为进一步推动电力行业职业技能等级评价体系建设，促进电力从业人员职业能力的提升，中国电力企业联合会技能鉴定与教育培训中心、中电联人才测评中心有限公司在发布专业技术技能人员职业等级评价规范的基础上，组织行业专家编写《电力行业职业能力培训教材》（简称《教材》），满足电力教育培训的实际需求。

《教材》的出版是一项系统工程，涵盖电力行业多个专业，对开展技术技能培训和评价工作起着重要的指导作用。《教材》以各专业职业技能等级评价规范规定的内容为依据，以实际操作技能为主线，按照能力等级要求，汇集了运维管理人员实际工作中具有代表性和典型性的理论知识与实操技能，构成了各专业的培训与评价的知识点，《教材》的深度、广度力求涵盖技能等级评价所要求的内容。

本套培训教材是规范电力行业职业培训、完善技能等级评价方面的探索和尝试，凝聚了全行业专家的经验和智慧，具有实用性、针对性、可操作性等特点，旨在开启技能等级评价规范配套教材的新篇章，实现全行业教育培训资源的共建共享。

当前社会，科学技术飞速发展，本套培训教材虽然经过认真编写、校订和审核，仍然难免有疏漏和不足之处，需要不断地补充、修订和完善。欢迎使用本套培训教材的读者提出宝贵意见和建议。

中国电力企业联合会技能鉴定与教育培训中心
2020 年 1 月

随着我国经济的发展和城市电网的升级，近十年来国内输配电电力电缆的规模以 10% 以上的速度快速增长。电力电缆线路需要在现场完成附件安装后才能成为完整的输配电线路，而附件安装涉及结构、工艺、材料和环境等问题，目前附件安装人员数量和素质难以满足实际要求。从近期我国电缆线路故障统计数据来看，附件安装质量问题已成为仅次于外力破坏的电缆线路故障原因。因此，迫切需要对附件安装从业人员开展技能培训和考核评价，从源头上控制电缆附件安装质量，提升电缆线路运行可靠性。在此背景下，中国电力企业联合会组织编写了团体标准《电力行业电缆附件安装人员培训考核规范》（T/CEC 194—2018）。为更好配合标准开展培训和考评工作，按照"规范—教材—课件—题库"计划，中国电力企业联合会技能鉴定与教育培训中心、中电联人才测评中心有限公司组织编写了此套教材。

本书在介绍读图识图、工器具及仪表使用、安全防护等基本知识和技能的基础上，对 $10\sim500\mathrm{kV}$ 电缆附件安装技能点做了全面讲解，覆盖了电缆附件安装培训和考核的全部知识点。本书图文并茂、通俗易懂、用语标准统一，采用了大量的电缆附件结构图和实物图，尽量减少复杂的理论阐述，同时注重从业人员技能水平快速提升和行业标准化发展。

本书共分 14 章。第一章至第四章为基本技能和要求，分别是电缆安装识图、电工仪表使用、工器具使用和安全防护；第五章至第八章为中压电缆附件安装技能，包括中压电缆预处理、中压电缆附件安装接地处理、中压电缆终端部件安装、中压电缆接头部件安装。第九章至第十四章为高压（超高压）电缆附件安装技能，包括高压（超高压）

电缆预处理、高压（超高压）电缆接头安装、高压（超高压）电缆瓷/复合套管终端安装、高压（超高压）电缆 GIS 终端安装、高压（超高压）电缆金属保护壳/尾管封铅和高压（超高压）电缆接地系统安装。

本书在编写过程中，得到了国家电网有限公司、中国南方电网有限责任公司、内蒙古电力（集团）有限责任公司及相关企业领导和专家的大力支持。同时，也参考了一些业内专家的著述和相关厂家的实图与数据，在此一并致谢。

由于编写时间紧迫，且电力电缆附件安装技术不停地发展，书中疏漏和不当之处在所难免，敬请专家和读者批评指正。

编　者

2020 年 11 月

目 录

第一章
电缆安装识图

第一节　电缆结构图

一、概述

1. 电缆的结构

常用的电缆主要由导电线芯（多芯）、绝缘层和保护层三部分组成。其基本结构如图1-1所示。

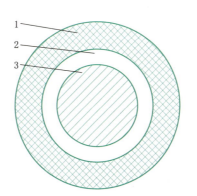

图1-1　单芯交联聚乙烯电缆的基本结构

1—聚乙烯外护套；2—交联聚乙烯绝缘层；3—导电线芯

2. 电缆结构图的特点

一般用纵向剖视图来表示电缆的基本结构，其概要地表示了电缆导电线芯、绝缘层与保护层的位置、形状、尺寸及其之间的相互关系。

3. 电缆结构图的基本绘制

电缆结构图依据《电气简图用图形符号》（GB/T 4728—2006）的一般规定，按一定的比例、以一组分层同心圆来表示电缆的截面剖视。用粗实线绘制，并

用指引线标识和文字具体说明图示结构，35kV 单芯交联聚乙烯电缆结构如图 1-2 所示，110kV 单芯交联聚乙烯电缆结构如图 1-3 所示。

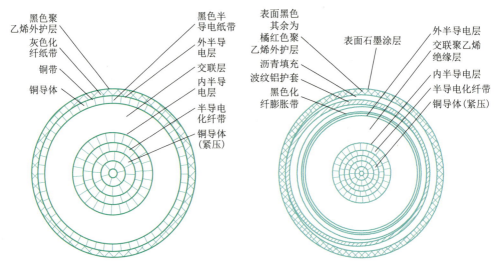

图 1-2　35kV 单芯交联聚乙烯电缆结构　　　图 1-3　110kV 单芯交联聚乙烯电缆结构

二、常用电缆结构图

（1）YJLW02-110kV 交联聚乙烯绝缘电缆的构造特征示意图，如图 1-4 所示。

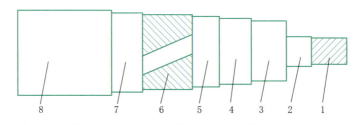

图 1-4　YJLW02-110kV 交联聚乙烯绝缘电缆的构造特征示意图

1—铜导体；2—绝缘内屏蔽层；3—交联聚乙烯绝缘；4—绝缘外屏蔽层；

5—保护层；6—铜线屏蔽；7—金属保护层；8—聚氯乙烯外护套

（2）YJY23-10kV 三芯交联聚乙烯绝缘金属带铠装电缆结构示意图如图 1-5 所示。

（3）YJY-10kV 三芯交联聚乙烯绝缘聚乙烯护套电缆结构示意图如图 1-6 所示。

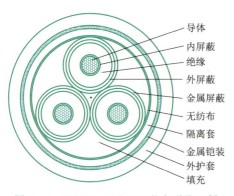

图 1-5　YJY23-10kV 三芯交联聚乙烯
绝缘金属带铠装电缆结构示意图

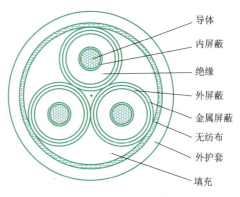

图 1-6　YJY-10kV 三芯交联聚乙烯
绝缘聚乙烯护套电缆结构示意图

（4）YJV-10kV 单芯交联聚乙烯绝缘聚氯乙烯护套电缆结构示意图如图 1-7 所示。

（5）YJV32-10kV 单芯交联聚乙烯绝缘细钢丝铠装聚氯乙烯护套电缆结构示意图如图 1-8 所示。

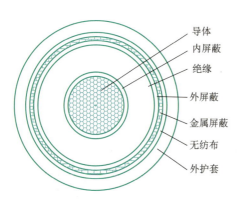

图 1-7　YJV-10kV 单芯交联聚乙烯
绝缘聚氯乙烯护套电缆结构示意图

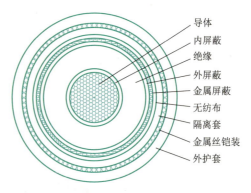

图 1-8　YJV32-10kV 单芯交联聚乙烯绝缘
细钢丝铠装聚氯乙烯护套电缆结构示意图

（6）ZR-YJY23-35kV 三芯交联聚乙烯绝缘钢带铠装聚乙烯护套阻燃电缆结构示意图如图 1-9 所示。

（7）YJV22-35kV 单芯交联聚乙烯绝缘钢带铠装聚氯乙烯护套电缆结构示意图如图 1-10 所示。

（8）YJLW-110kV 交联聚乙烯绝缘皱纹铝套电缆结构示意图如图 1-11 所示。

3

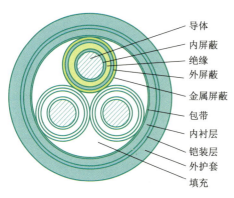

图 1-9　ZR-YJY23-35kV 三芯交联聚乙烯绝缘钢带铠装聚乙烯护套阻燃电缆结构示意图

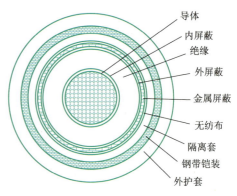

图 1-10　YJV22-35kV 单芯交联聚乙烯绝缘钢带铠装聚氯乙烯护套电缆结构示意图

（9）YJLW-220kV（F）交联聚乙烯绝缘皱纹铝套电缆结构示意图如图 1-12 所示。

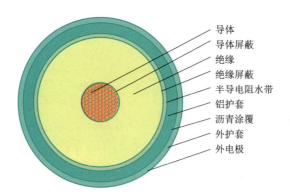

图 1-11　YJLW-110kV 交联聚乙烯绝缘皱纹铝套电缆结构示意图

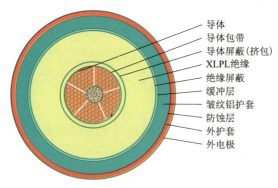

图 1-12　YJLW-220kV（F）交联聚乙烯绝缘皱纹铝套电缆结构示意图

（10）XLPE-500kV 1×2500mm² 交联聚乙烯电缆结构示意图如图 1-13 所示。

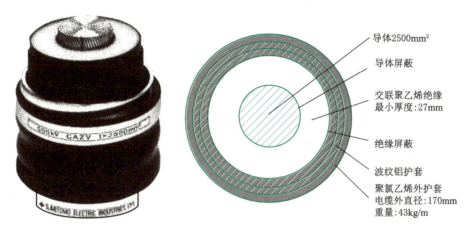

导体2500mm²

导体屏蔽

交联聚乙烯绝缘
最小厚度：27mm

绝缘屏蔽

波纹铝护套

聚氯乙烯外护套
电缆外直径：170mm
重量：43kg/m

（a）XLPE-500kV交联聚乙烯电缆
结构立体示意图

（b）XLPE-500kV交联聚乙烯电缆结构断面示意图

图 1-13　XLPE-500kV 交联聚乙烯电缆结构示意图

第二节　电缆附件安装图

一、典型电缆接头安装工艺结构图

（1）10kV 交联聚乙烯电缆冷缩式中间接头结构如图 1-14 所示。

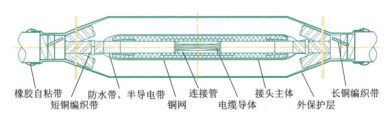

橡胶自粘带　　防水带、半导电带　　连接管　　接头主体　　长铜编织带
　　短铜编织带　　　　铜网　　电缆导体　　外保护层

图 1-14　10kV 交联聚乙烯电缆冷缩式中间接头结构

（2）10kV 交联聚乙烯电缆热缩式中间接头结构如图 1-15 所示。

（3）10kV 交联聚乙烯电缆预制中间接头结构如图 1-16 所示。

（4）10kV 交联聚乙烯电缆冷缩式终端结构如图 1-17 所示。

（5）10kV 交联聚乙烯电缆热缩式终端结构如图 1-18 所示。

（6）10kV 交联聚乙烯电缆预制终端结构如图 1-19 所示。

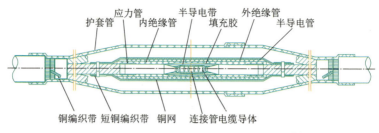

护套管　应力管　内绝缘管　半导电带　填充胶　外绝缘管　半导电管

铜编织带　短铜编织带　铜网　连接管电缆导体

图 1-15　10kV 交联聚乙烯电缆热缩式中间接头结构

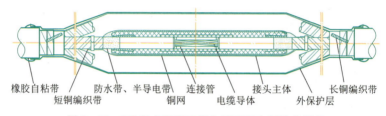

橡胶自粘带　防水带、半导电带　连接管　接头主体　长铜编织带
短铜编织带　铜网　电缆导体　外保护层

图 1-16　10kV 交联聚乙烯电缆预制中间接头结构

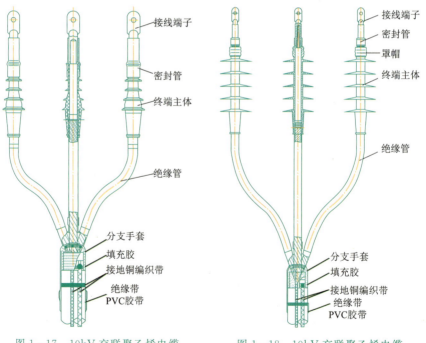

接线端子

密封管

终端主体

绝缘管

分支手套
填充胶
接地铜编织带
绝缘带
PVC胶带

接线端子
密封管
罩帽
终端主体

绝缘管

分支手套
填充胶
接地铜编织带
绝缘带
PVC胶带

图 1-17　10kV 交联聚乙烯电缆
冷缩式终端结构

图 1-18　10kV 交联聚乙烯电缆
热缩式终端结构

（7）35kV 交联聚乙烯电缆热缩终端结构如图 1-20 所示。

（8）110kV 交联聚乙烯电缆绕包式绝缘中间接头结构如图 1-21 所示。

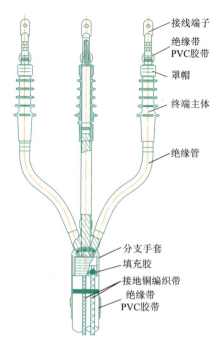

图1-19 10kV交联聚乙烯
电缆预制终端结构

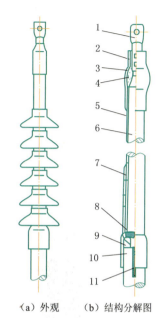

（a）外观 （b）结构分解图

图1-20 35kV交联聚乙烯
电缆热缩终端结构

1—端子；2—衬管；3—密封管；

4—填充胶；5—绝缘管；6—电缆绝缘；

7—应力管；8—半导电层；9—铜带；

10—外护层；11—连接线

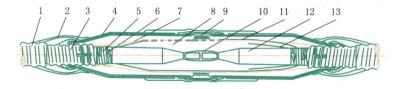

图1-21 110kV交联聚乙烯电缆绕包式绝缘中间接头结构

1—塑料护套；2—接头密封；3—波纹铝护套；4—铜保护盒；5—铜屏蔽；6、13—半导电层；
7—接地屏蔽带；8—增绕绝缘；9—绝缘筒体；10—连接管；11—半导电带；12—电缆绝缘

（9）110kV组合预制式中间接头结构如图1-22所示。

（10）110kV交联聚乙烯电缆瓷套式户外终端结构如图1-23所示。

（11）110kV交联聚乙烯电缆插拔式GIS终端结构如图1-24所示。

（12）110kV交联聚乙烯电缆装配式GIS终端结构如图1-25所示。

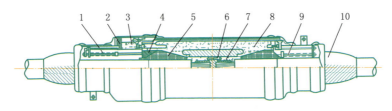

图 1-22　110kV 组合预制式中间接头结构

1，9—压紧弹簧；2—中间法兰；3—环氧法兰；4—压紧环；5—橡胶预制件；

6—固定环氧装置；7—压接管；8—环氧元件；10—防腐带

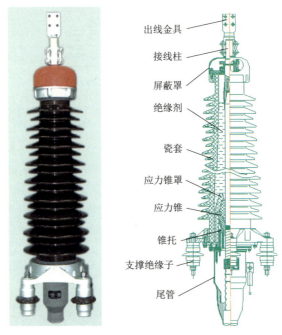

出线金具
接线柱
屏蔽罩
绝缘剂
瓷套
应力锥罩
应力锥
锥托
支撑绝缘子
尾管

（a）110kV 瓷套式终端外观　　　（b）110kV 瓷套式终端结构

图 1-23　110kV 交联聚乙烯电缆瓷套式户外终端结构

（13）110kV 交联聚乙烯电缆整体预制式终端结构如图 1-26 所示。

（14）220kV 交联聚乙烯电缆敞开式终端结构如图 1-27 所示。

（15）220kV 整体预制式中间接头结构如图 1-28 所示。

二、安装工艺图的识读基础

1. 安装工艺图的作用

电缆终端和接头的工艺图用于反映安装工艺标准和施工步骤，它是电缆安

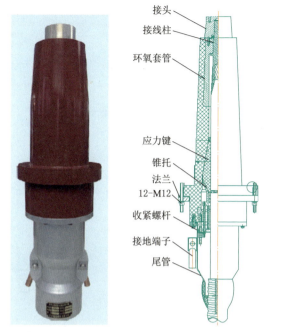

（a）110kV插拔式GIS终端外观　（b）110kV插拔式GIS终端结构

图 1-24　110kV 交联聚乙烯电缆插拔式 GIS 终端结构

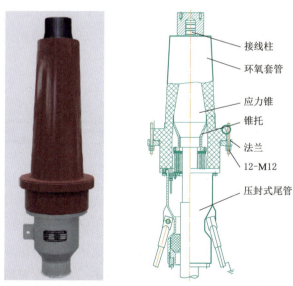

（a）110kV装配式GIS终端外观　（b）110kV装配式GIS终端结构

图 1-25　110kV 交联聚乙烯电缆装配式 GIS 终端结构

接线端子
罩帽

绝缘主体

$\phi 200{\sim}218$

集流环

热缩管

接地线

（a）110kV整体预制式终端外观　（b）110kV整体预制式终端结构

图1-26　110kV交联聚乙烯电缆整体预制式终端结构

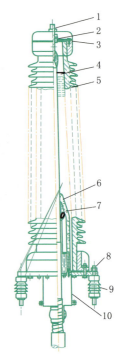

1
2
3
4
5
6
7
8
9
10

图1-27　220kV交联聚乙烯
电缆敞开式终端结构

1—出线杆；2—定位环；3—上法兰；
4—绝缘油；5—瓷套；6—环氧套管；
7—应力锥；8—底板；
9—支撑绝缘子；10—尾管

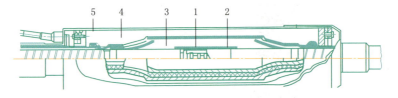

图1-28　220kV整体预制式中间接头结构

1—导体连接；2—高压屏蔽；3—绝缘预制件；4—空气或浇注防腐材料；5—保护外壳

装标准化作业指导书的一部分，对现场安装具有重要的指导意义。通常分为电缆的接头附件工艺结构图和工艺程序图两类。本节主要阐述电缆的接头附件工艺程序图的识读方法，并帮助认识与理解工艺程序图的技术要求和安装程序。

2. 电缆的接头附件工艺结构图和工艺程序图的识读

（1）电缆终端和中间接头的工艺结构图可按照工艺程序画成系列图样，如图1-29所示。

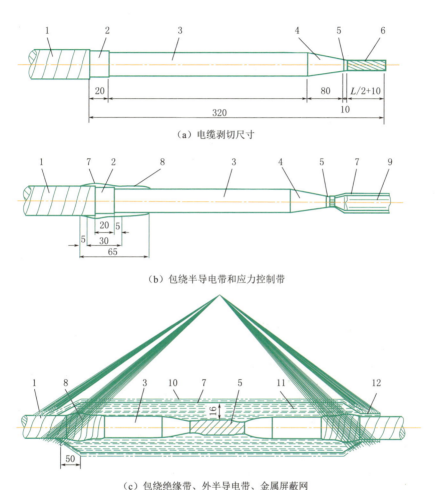

（a）电缆剥切尺寸

（b）包绕半导电带和应力控制带

（c）包绕绝缘带、外半导电带、金属屏蔽网

图1-29 35kV单芯交联聚乙烯电缆接头工艺结构

1—铜屏蔽层；2—外半导电层；3—交联绝缘；4—反应力锥；5—内半导电层；6—导体；7—半导电带；8—应力控制带；9—连接管；10—金属屏蔽网；11—绝缘带；12—扎线并焊接；L—连接管长度

（2）电缆终端和中间接头的工艺结构图应用文字扼要说明安装技术要求，并以指引线指向各特定部件。

（3）工艺程序图的比例一般不作规定，为了清楚地说明某部件安装工艺特殊要求，可以局部剖视、放大，也可以单独画出该部件图，并加以详细标注。

（4）图1-29中所标注的相关尺寸，一般应有允许误差范围，防水密封等具体的工艺要求可参照电缆附件制造厂家的技术规定，作业过程可参看其他与教材有关模块的介绍。

3. 35kV三芯冷缩中间接头（适用于工井）工艺程序图的识读

（1）图1-30明确确定接头中心位置，两边预切割电缆的尺寸各约L（mm）。

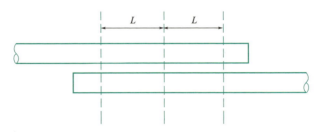

图1-30 确定接头中心位置和预切割电缆

（2）如图1-31所示，要求两侧分别套入适当的分支手套和热缩管，并进行单相热缩管的热缩。

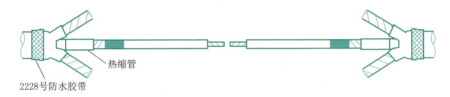

图1-31 套分支手套和热缩管

（3）图1-32明确要求分相剥除铜屏蔽层、外半导电层及主绝缘的尺寸。

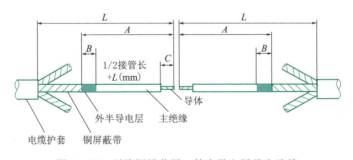

图1-32 剥除铜屏蔽层、外半导电层及主绝缘

（4）图1-33明确要求从铜屏蔽层上L_1（mm）起至外半导电层上L_2（mm）半搭盖平整绕包特定的半导电带的尺寸。

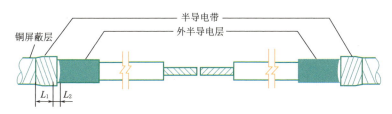

图 1-33　绕包半导电带

（5）图 1-34 明确要求一侧从拉线端方向套入冷缩接头主体，另一侧套入 $\phi M \times L$ 热缩管、铜网套、连接管适配器。装上接管，进行对称压接，并控制定位标记 E 到接管中心 D 的距离为 L，确定冷缩头收缩的基准点。

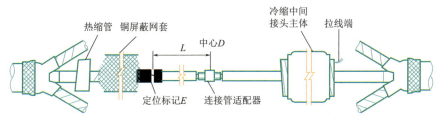

图 1-34　套入外护层热缩管铜网套进行对称压接

（6）图 1-35 明确要求用清洁剂进行电缆主绝缘的清洗。

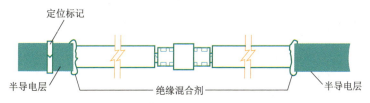

图 1-35　清洗电缆主绝缘

（7）图 1-36 明确要求将冷缩头对准 PVC 标识带的边缘，沿逆时针方向抽掉芯绳，并使其收缩。三相都必须按此逐一完成。

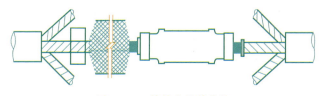

图 1-36　抽掉芯绳并收缩

（8）图 1-37 明确要求，按尺寸套上铜网套，对称展开，用两只恒力弹簧将网套固定在电缆铜屏蔽层上，保证接触良好，修齐。用 PVC 胶带半搭盖绕包

13

恒力弹簧和铜网套边缘。三相都按此完成。将热缩管移到接头中央进行热缩，使其与两侧热缩管都搭接。进行防水处理。三相都按此完成。

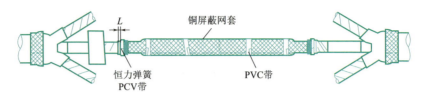

铜屏蔽网套

恒力弹簧
PCV带

PVC带

图1-37　套铜网套并用恒力弹簧固定

4. YJZWI4-64/110kV 交联电缆预制式（冷缩）终端安装工艺图的识读

（1）图1-38明确要求自电缆末端向下量取 A 长作为电缆外护套的末端，向上剥去电缆外护套的尺寸。

（2）图1-39明确要求，自金属屏蔽外护套末端处上量 C 金属屏蔽段作搪锡处理，自电缆外护套的末端向上保留长为 B 的金属屏蔽，其余金属屏蔽去掉。自电缆外护套的末端以下量取 C，刮去电缆护套表面的外电极（石墨）层。

（3）图1-40明确要求，自电缆外护套的末端向上绕包加热带，对电缆做 75~80℃、连续 3h 加热，以消除绝缘内热应力，并校直电缆，温度不宜超过 80℃。

（4）图1-41明确要求，自金属屏蔽末端向上量 40mm 长，包绕一层 ACP 带，将以上半导电缓冲层去掉。

（5）图1-42明确要求，自电缆末端向下量取 $L_1 \pm 1mm$ 长作为外半导电层末端，并去掉以上的外半导电层，将外半导电层末端 d 长打磨成斜坡，使其与主绝缘平滑过渡。

（6）图1-43明确要求，用 PVC 胶带在外半导电斜坡上绕包一层作临时保护，然后将电缆主绝缘表面作精细打磨使之光亮平滑，用无水酒精清洁，并用吹风机吹干电缆绝缘，用保鲜膜对电缆主绝缘作临时保护。

（7）图1-43明确要求，将铜芯接地胶线无端子一端去除胶皮，用镀锡铜扎线扎紧在金属屏蔽末端以下 M 处并用锡焊牢。

（8）图1-44明确要求，用浸有无水酒精清洁外半导电层表面，并用吹风机吹干，然后自距外半导电层末端 E 处开始半重叠包一层 ACP 带至金属屏蔽末端，距外半导电层末端 H 处开始半重叠包一层铅带，然后在其上自上而下半重叠包一层镀锡铜网带。要求铅带、铜网带与金属屏蔽搭接用镀锡铜扎线，把铜网带交叉扎紧在金属屏蔽上并用锡焊牢。

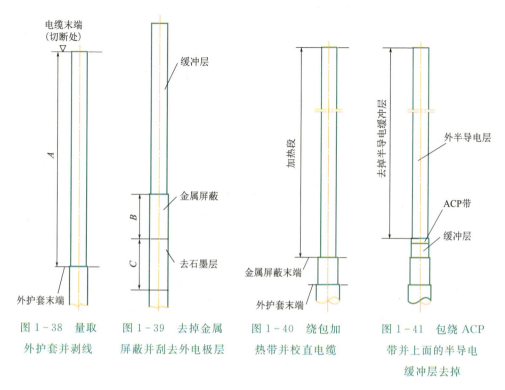

图 1-38　量取　　　图 1-39　去掉金属　　　图 1-40　绕包加　　　图 1-41　包绕 ACP

外护套并剥线　　屏蔽并刮去外电极层　热带并校直电缆　带并上面的半导电

　　　　　　　　　　　　　　　　　　　　　　　　　　　　　　　　缓冲层去掉

（9）图 1-45 明确要求，从外半导电层末端往下 N 处到电缆外护套末端往上 Q 的范围内绕包 n 层防水带，要求防水带完全盖住铜扎线及金属尖角。注意防水带不能包到接地线芯而将热缩管套入电缆。

（10）图 1-46 明确要求，装配应力锥及雨裙。测量并记录正交两个方向的主绝缘外、外半导电层和主绝缘的外径，应比应力锥和雨裙扩前内径大 N。去掉临时保护，将电缆绝缘表面、外半导电层及热缩管上端面往下 N 范围内清洁干净并吹干。

（11）图 1-46 明确要求，自外半导电层的末端向下量取 P，在应力锥的表面抹一层硅油，然后将应力锥套入电缆。按逆时针方向抽出衬管，清洁应力锥接口处，吹干后涂上 E43 胶，将标有 1 号雨裙标志的雨裙套入电缆。

（12）图 1-46 明确要求，沿逆时针方向抽出衬管，将雨裙套到位。将所剩雨裙中的两个雨裙依次套入电缆，抹去接口处溢出的 E43 胶。注意：千万不能将与其他雨裙的套入顺序搞错。

（13）图 1-47 明确要求，将装好的雨裙及应力锥作临时保护，在雨裙上端面向上量取 T 做一标记，并去除标记以上电缆端头绝缘及内半导电层露出电缆导体，将绝缘端部倒角，对电缆绝缘做打磨处理并清洁，吹干后去除临时保护，涂上硅油，在套好的雨裙接口处涂上 E43 胶。

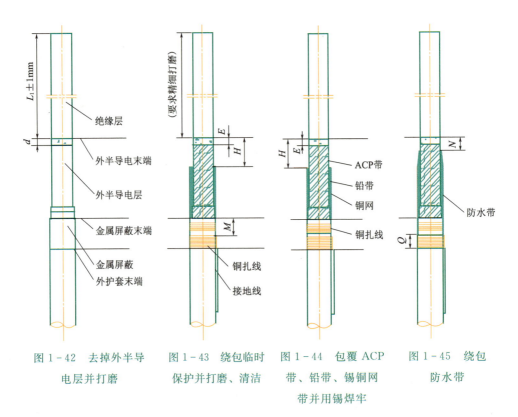

图 1-42　去掉外半导电层并打磨

图 1-43　绕包临时保护并打磨、清洁

图 1-44　包覆 ACP 带、铅带、锡铜网带并用锡焊牢

图 1-45　绕包防水带

（14）图 1-48 明确要求，将最后一个雨裙套入电缆，按逆时针方向抽出衬管，将雨裙套到位，并清洁接口处溢出的 E43 胶。

（15）图 1-49 明确要求，安装罩帽和接线金具。清洁电缆的导体表面和雨裙顶部接口处，并吹干和涂上 E43 胶，将罩帽套入电缆与雨裙接好擦净。自罩帽上端面向上量取端子孔深 L（不含雨罩深度），去除多余的电缆导体，将接线端子套入电缆导体并用压钳压紧。

（16）图 1-50 明确要求，做尾部密封处理。用防水带将应力锥下端面处填充满，使应力锥下端面与电缆的过渡处没有明显的凹槽，在电缆外护套末端下量 c 到电缆外护套末端向上量 b 之间抹上环氧泥，将接地线完全包在环氧泥中。将热缩管加热收缩，要求热缩管与应力锥搭接 a 左右。

（17）终端固定到终端固定架上，终端头安装完毕。

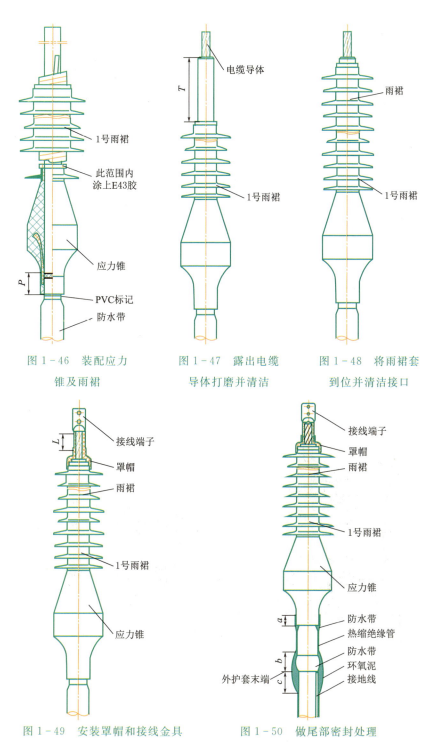

图1-46　装配应力
锥及雨裙

1号雨裙

此范围内
涂上E43胶

应力锥

PVC标记

防水带

P

图1-47　露出电缆
导体打磨并清洁

电缆导体

T

1号雨裙

图1-48　将雨裙套
到位并清洁接口

雨裙

1号雨裙

图1-49　安装罩帽和接线金具

接线端子

罩帽

雨裙

1号雨裙

应力锥

L

图1-50　做尾部密封处理

接线端子

罩帽

雨裙

1号雨裙

应力锥

防水带

热缩绝缘管

防水带

环氧泥

接地线

外护套末端

a

b

c

第一节 绝 缘 电 阻 表

一、绝缘电阻表的主要功能

绝缘电阻表又称兆欧表，是用来测量电力设备的绝缘电阻、吸收比及极化指数等绝缘参数的专用仪表，常用的绝缘电阻表如图 2-1 所示，有手摇式绝缘电阻表和数字式绝缘电阻表，它主要由直流高压发生单元、测量回路、结果显示界面组成。绝缘电阻表一般具有 3 个接线端子，即 L 端、G 端、E 端，一般情况下，L 端接测试相，G 端接屏蔽层或不接，E 端应可靠接地。

 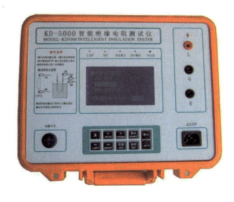

（a）手摇式   （b）数字式

图 2-1 常用绝缘电阻表

正常情况下，电力设备的绝缘电阻值很大，如果绝缘存在贯通的集中性缺陷或局部开裂、脏污、受潮，设备绝缘的导电离子数会急剧增加，电导电流明显上升，绝缘电阻就会明显下降。因此，通过绝缘电阻的测定，能有效发现电力设备局部或整体的受潮、绝缘击穿等缺陷。

通常，电力设备在加上电压后，绝缘介质内存在以下三种电流：

（1）电容电流。由电子式极化、离子式极化所形成，由于这两种极化过程极为短暂，电容电流在加直流电压后很快就衰减为 0，一般在几毫秒至数秒内消失。

（2）吸收电流。由偶极式极化和夹层式极化形成的电流，由于这两种极化过程时间较长，所以吸收电流比电容电流衰减慢得多，一般数秒至数分钟才消失。

（3）电导电流。由绝缘介质中的少数带电质点在电场作用下发生定向移动形成，是反映绝缘材料品质优劣的指标，在加压后很快就趋于恒定。

对于大容量试品，如电缆、变压器、发电机等，由于吸收电流衰减较慢，通常在加压 1min 或 10min 后，读取绝缘电阻表的值，作为试品的绝缘电阻值。此外，需测量设备的吸收比和极化指数，以全面反映绝缘介质的电流吸收过程。

吸收比 K 是指 60s 和 15s 时绝缘电阻的比值，是判断绝缘是否受潮的重要指标，但不能用来发现受潮、脏污以外的其他局部绝缘缺陷。设备绝缘良好时，吸收比 K 应大于 1.3，绝缘受潮后吸收比降低。

极化指数 P 指 10min 和 1min 时绝缘电阻的比值，是判断绝缘是否受潮的另一个重要指标。设备绝缘良好时，极化指数 P 应大于 1.5，绝缘受潮后极化指数降低。

二、绝缘电阻表的使用

绝缘电阻表按额定电压可分为 500V、1000V、2500V、5000V。当绝缘电阻表的测试输出电压相对较低时，测得的绝缘电阻值就不能反映设备绝缘的真实情况。对不同电压等级的电缆，为使测量结果能较好地反映其绝缘性能，应采用相应输出电压的绝缘电阻表。根据《电气装置安装工程 电气设备交接试验标准》（GB 50150—2016）和《电缆线路运行规程》（DL/T 1253—2013）对绝缘电阻表的相关要求，绝缘电阻表额定电压的选择应符合以下规定。

（1）电缆绝缘测量宜采用 2500V 兆欧表，6/6kV 及以上电缆也可用 5000V 兆欧表。

（2）橡塑电缆的外护套、内衬层的测量宜采用 500V 兆欧表。

1. 确认被试品的状态

对运行中的设备进行试验前，应确认设备已断电，再对地进行充分放电。

对电容量较大的被试品，如电缆、电容器、发电机等，放电时间不少于5min。放电时应用绝缘棒等工具进行，不得用手直接碰触放电导线。

对电缆进行绝缘电阻测试前，应确认电缆线路两侧与其他设备的电气连接已完全断开，并对电缆进行充分放电。

2. 绝缘电阻表的自检

手摇式绝缘电阻表的检查方法：将绝缘电阻表水平放置，当绝缘电阻表转速尚在低速旋转时，用导线瞬间短接L端和E端，指针应指向"0"位置。再将L端和E端开路，驱动绝缘电阻表达额定转速（约120r/min），指针应指向"∞"位置。

数字式绝缘电阻表的检查方法：将绝缘电阻表水平放置，当绝缘电阻表L端和E端开路时，合上电源开关，其数字应显示最大值。然后将绝缘电阻表的L端和E端短路，合上电源开关，其数字应显示"0"，断开电源开关。

如绝缘电阻表的指示不对，需调换或修理后再使用。

3. 测试接线

绝缘电阻的测试应分别在每一相上进行，对其中一相进行试验时，其他两相的电缆芯线、金属屏蔽或金属套（铠装层）应可靠接地。

三芯电缆的绝缘电阻测试接线如图2-2所示，测试时电缆对侧三相全部悬空，在测试端用测试线连接绝缘电阻表的L端和需要测试电缆的一相线芯，绝缘电阻表的E端接地，非测试相的导体线芯、金属屏蔽或金属套（铠装层）可靠接地。测量电缆的绝缘电阻时，为防止电缆表面泄漏电流对测量精度产生影响，可将电缆的屏蔽层接至G端。

单芯电缆的绝缘电阻测试接线如图2-3所示，测试时电缆对侧悬空，在测试端用测试线连接绝缘电阻表的L端和需要测试电缆的一相线芯，绝缘电阻表的E端接地。非测试相的导体线芯、金属屏蔽或金属套（铠装层）可靠接地。测量电缆的绝缘电阻时，为防止电缆表面泄漏电流对测量精度产生影响，可将电缆的屏蔽层接至G端。

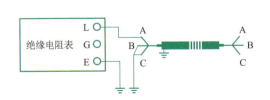

图2-2 三芯电缆绝缘电阻测试接线

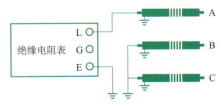

图2-3 单芯电缆绝缘电阻测试接线

4. 测试绝缘电阻、吸收比、极化指数

完成接线后，驱动绝缘电阻表达额定转速或接通绝缘电阻表的电源，待指针或读数稳定后（约60s），读取绝缘电阻值。

测量吸收比和极化指数时，先驱动绝缘电阻表达额定转速，待指针指至"∞"位置时，用绝缘工具将测试端子L接至被试品，同时记录时间，分别读出15s和60s、1min和10min时的绝缘电阻值。测试结束后，应先断开接到被试品高压端的连接线，再停止摇表；否则可能由于被试品电容电流反充电而损坏绝缘电阻表。

5. 对被试品放电

测试结束后，应对被试品充分放电，对电容量较大的被试品，如电缆、电容器、发电机等，放电时间应不少于5min。放电时应用绝缘棒等工具进行，不得用手直接碰触放电导线。

三、影响绝缘电阻测试的因素

1. 温度的影响

温度对绝缘电阻的影响很大，一般绝缘电阻是随温度上升而减小的。当温度升高时，绝缘介质中的极化剧烈，电导增加，会使绝缘电阻降低。

2. 湿度和脏污的影响

湿度对绝缘材料的表面泄漏电流的影响较大。当绝缘材料表面吸附潮气后，常使绝缘电阻显著降低。此外，某些绝缘材料有毛细管作用，当空气中相对湿度较大时，会吸收较多的水分，电导增加，使绝缘电阻值降低。

绝缘材料表面的脏污也会使表面电阻大幅降低，影响绝缘电阻的测试准确性。

3. 放电时间的影响

每次测完绝缘电阻后，应将被试品充分放电，放电时间应大于充电时间，以便将剩余电荷放完；否则，在重复测量时，由于剩余电荷的影响，设备的充电电流和吸收电流将比第一次测量时小，造成吸收比减小，绝缘电阻增大的假象。

4. 感应电压的影响

带电设备和停电设备之间有电容耦合作用，会使停电设备带有一定的感应电压。感应电压对绝缘电阻测量的影响很大，当感应电压强烈时，可能损坏绝缘电阻表或造成指针乱摆，测不到真实的测量值。必要时，应采取电场屏蔽等

措施克服感应电压的影响。

四、检测结果的分析判断

1. 对绝缘电阻、吸收比、极化指数的判断

电缆类设备的绝缘电阻一般在耐压试验前后开展，耐压试验前后，绝缘电阻应无明显变化。外护套的绝缘电阻不低于 $0.5\text{M}\Omega \cdot \text{km}$。

吸收比 K 是指 60s 和 15s 时绝缘电阻的比值，一般应大于 1.3，绝缘受潮后，吸收比降低。

极化指数 P 是指 10min 和 1min 时绝缘电阻的比值，一般应大于 1.5，绝缘受潮后，极化指数降低。

所测得的绝缘电阻、吸收比、极化指数，应与该被试品的出厂、交接、历年测试、大修前后、耐压前后等数值进行比较，与其他同类设备进行比较，与该被试品的相间进行比较，相互比较的结果均不应有明显的降低或较大的差异；否则应引起注意，对重要设备应查明原因。

2. 温度、湿度、污秽的影响

温度、湿度、污秽对绝缘电阻的影响明显，在测试过程及分析中，应排除影响。在不同温度下测得的绝缘电阻值，应换算到同一温度的基础上再进行比较。

第二节　万　用　表

一、万用表的主要功能

万用表是一种常用的多功能、多量程的电工测量仪表，可测量直流电流、直流电压、交流电流、交流电压、电阻等，有的还可以测电容量、电感量及半导体的一些参数。若按显示方式简单区分，万用表可分为指针式万用表和数字式万用表，目前数字式万用表更为常见。常见的万用表如图 2-4 所示。

万用表测量电压、电流和电阻功能是通过转换电路部分实现的，而电流、电阻的测量都是基于电压的测量，即数字式万用表是在数字直流电压表的基础上扩展而成的。首先转换器将随时间连续变化的模拟电压量变换成数字量，再由电子计数器对数字量进行计数得到测量结果，最后由译码显示电路将测量结果显示出来。逻辑控制电路控制电路的协调工作，在时钟的作用下按顺序完成整个测量过程。

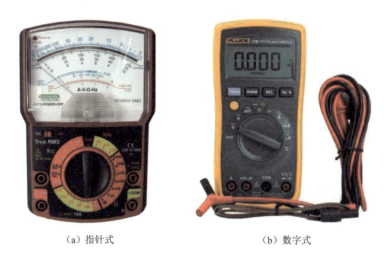

（a）指针式   （b）数字式

图 2-4 常见万用表

    功能较完善的数字式万用表可测量交直流电流、交直流电压、电阻、电容等，其典型的结构分区如图 2-5 所示。

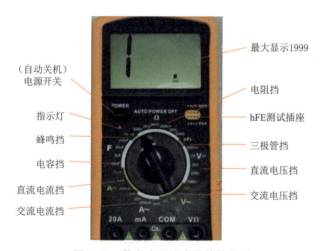

图 2-5 数字式万用表的结构分区

二、电压的测量

    将黑表笔插入"COM"插孔，红表笔插入"V/Ω"插孔。将功能开关置于直流电压挡"V—"或交流电压挡"V～"范围，把旋钮选到比估计值大的量程，并将测试表笔连接到待测电源（测开路电压）或负载上（测负载电压降）。

测试直流电压时，红表笔所接端的极性将同时显示于显示器上，如果在数值左边出现"－"，则表明表笔极性与实际电源极性相反。保持接触稳定，查看读数，并确认单位。

如果不知被测电压范围，应将功能开关置于最大量程并逐渐下调；如果显示器只显示"1"，则表示过量程，功能开关应置于更高量程；尽量不要测量高于1000V的电压，有损坏内部线路的危险；当测量高电压时，要格外注意避免触电，不要随便用手触摸表笔的金属部分。

三、电流的测量

测量直流电流时需将黑表笔插入"COM"孔；若测量大于200mA的电流，则要将红表笔插入"10A"插孔，并将旋钮置于直流"10A"挡；若测量小于200mA的电流，则将红表笔插入"200mA"插孔，将旋钮置于直流200mA以内的合适量程。调整好后，就可以将万用表串进电路中，保持稳定，即可读数。若显示为"1"，则要加大量程；如果在数值左边出现"－"，则表明电流从黑表笔流进万用表。

测量交流电流时，方法与测量直流电流相同，不过挡位应该选交流挡位。电流测量完毕后应将红表笔及时插回"V/Ω"孔，以免下次测量电压时忘记更换表笔，导致万用表烧毁。

四、电阻的测量

将表笔分别插进"COM"和"V/Ω"孔中，把旋钮置于"Ω"所需的量程，用表笔接在被测试品两端的金属部位，测量中可以用手接触电阻，但不要用手同时接触电阻的两端。读数时，要保持表笔和电阻有良好的接触，读数稳定后记录测试值。

当检查被测线路的阻抗时，要保证移开被测线路中的所有电源，并将所有电容放电。被测线路中，如有电源和储能元件，会影响线路阻抗测试正确性。当连接不好时，如出现开路情况，则仪表显示为"1."；如果被测电阻值超出所选择量程的最大值，将显示过量程"1."，此时应选择更高的量程。

五、电容的测量

将表笔分别插进"COM"和标有"Cx"的另一端，一般为"mA"插孔兼用。将功能开关旋到电容量程 C（F）挡位范围，选择合适的量程。然后，将电容器插入专用的电容测试座中进行测试。测量大电容时稳定读数需要一定的时间，待读数稳定后记录测试结果。

六、使用万用表的注意事项

（1）使用万用表之前，应充分了解各转换开关、专用插口、测量插孔以及相应附件的作用。

（2）万用表在使用时一般应水平放置，在干燥、无振动、无强磁场的条件下使用。

（3）使用万用表前，应用表笔测量已知的电压，确定万用表读数正常。若万用表工作异常，保护设施可能已遭到损坏，应维修后再使用。

（4）测量时，应使用正确的插孔、功能挡和量程挡。

（5）测试电阻、通断性、二极管或电容以前，必须先断开电源，并将所有的高压电容器充分放电。

（6）不允许在功能开关处于"Ω"位置时，将电压源接入。测量完毕，应将量程选择开关调到最大电压挡，以防下次开始测量时不慎烧坏万用表。

第三节 接 地 电 阻 表

一、接地电阻表的主要功能

接地电阻表是指用于测量电气设备接地装置以及避雷装置接地电阻的仪表，又称为接地电阻测试仪。接地电阻表可测量保护接地、工作接地、防过电压接地、防静电接地及防雷接地等接地装置的接地电阻，即接地装置流过工频电流时所呈现的电阻，包括接地线电阻、接地体电阻、接地体与大地之间的接触电阻和大地流散电阻。

接地电阻表的工作原理分为基准电压比较式和基准电流、电压降式。接地电阻表借鉴了电桥原理，通过比例器将被测电阻与已知电阻进行比较，调节平衡后，通过已知电阻上的刻度直接读出被测接地电阻的数值。接地电阻表一般需要借助两个辅助电极：一个用于注入电流，称为电流电极 C；另一个用于取样电压，称为电压电极 P。如果电流源的负载能力很大，电流电极 C 的接地电阻不影响测量结果；如果取样电压端的输入阻抗很大，则 P 电极的接地电阻不影响测量结果。常见接地电阻表的外形与绝缘电阻表相似，随着电子

技术的发展，新型接地电阻表型号规格颇多，外形各异，常见的接地电阻表如图2-6所示。

（a）接地摇表　　　　　　　　（b）数字式接地电阻表

图2-6　常见接地电阻表

接地电阻表携带方便，但电源容量较小，不能提供较大的测试电流，当干扰电压较高而被测接地电阻又较小时，如小于1Ω，则测试结果可能存在较大误差，因此主要用于测量面积较小的地网或接地极。对于大中型变电站和电厂，可采用工频大电流法或异频法测量。

电缆的接地系统是保证电缆安全运行的一个重要部分，由于电缆接地系统不正确、运行中接地线被盗、接地施工质量存在问题而造成电缆和附件发生事故的情况时有发生。因此，电缆接地施工完毕后，必须进行接地系统的试验。为了保证电缆设备和人身安全，按规程规定，电缆层、电缆沟、电缆隧道、电缆工井等电缆线路附属设施的所有金属构件都必须可靠接地。电缆接地系统接地电阻的测量包括电缆终端的接地电阻、绝缘接头交叉换位处的接地电阻、直通接头的接地电阻、沿线金属支架等的接地电阻测量。

二、接地电阻表的使用

接地电阻的常用测量方法主要有三线法和四线法，其接线示意图如图2-7所示。测量时一般采用直线敷设放线方式，根据地网大小确定电流线的长度，一般在20m以上。通过三线法测量时，接地电阻表的C端子接电流极C′引线，P端子接电压极P′引线，E端子接被测电气设备的接地体。当接地电阻表离被测接地体较远时，为排除引线电阻、接触电阻的影响，同双臂电桥的测量原理类似，可将 E 端子的短接片打开，用两根线 C2、P2 分别接被测接地体，即采用四线法接线。

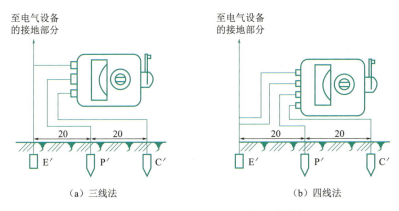

图 2-7 接地电阻表的测试接线示意图（单位：m）

在实际测试中，由于现场放线距离的限制，实际实施过程中操作困难。如果将电流极和电压极放在合适的位置，可在较短的放线距离时，测量得到接地网的真实接地电阻。为了将地网等效为半球形，电流线的长度通常选取为被测试地网最长对角线的 3 倍以上，可满足工程测量的要求。现场通常采用的方法有 0.618 法和夹角 30°法。

夹角 30°法如图 2-8 所示，取电压线和电流线距离相等，两线夹角为 30°时，可在较短的放线距离下测试到真实接地电阻。

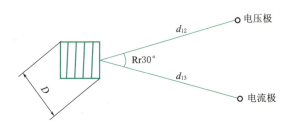

图 2-8 夹角 30°法示意图

0.618 法是将电压极放在接地体与电流极之间，电压极距接地网距离 d_{PG} 约为电流极距接地网距离 d_{CG} 的 0.618 倍。此时，电压线和电流线是沿一个方向放线，电流线与电压线之间存在互感，会影响电压的测量值，因此在条件许可的情况下，尽量采用夹角 30°法。如果使用 0.618 法，应使电流线与电压线之间的最小距离在 3m 以上，如图 2-9 所示。

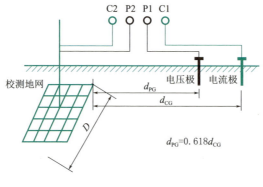

图 2-9　0.618 法示意图

三、影响接地电阻测试的因素

在进行接地网接地电阻的测量过程中，有可能对测试结果造成影响的因素如下：

（1）工频干扰。工频干扰主要是由于电力系统的不平衡电流在被测接地网上的工频压降造成的，有时干扰电压可达 5～10V，如工频干扰过大，可采用变频法消除工频干扰电压引起的测试误差。

（2）互感。采用直线布置电流线和电压线会导致互感的影响，电压线和电流线在很长范围内平行，其互感电势造成的误差较大，因此要尽量增大两平行线间的距离。

（3）电压极、电流极定位不准。由于电压极、电流极定位不准，会造成零电位面定位困难，给接地网的准确测量和计算带来较大误差。现在普遍采用 GPS 全球定位系统及现场地下施工管线和输电线路走向来确定电压极、电流极的位置，以提高测试的准确度。

（4）测试时间。接地装置的特性大都与土壤的潮湿程度密切相关，因此测试应尽量在干燥季节和土壤未冻结时进行，且不应在雷、雨、雪中或雨、雪后立即进行。

四、检测结果的分析判断

通过不同的测试方法和不同的布置方式对同一个接地网进行测试，如果所测得的结果较接近时，说明所测的接地电阻较为准确。

　　根据《城市电力电缆线路设计技术规定》（DL/T 5221—2016）对电缆接地的相关规定：每座工井应设接地装置，接地电阻不应大于10Ω；隧道内的接地系统应形成环形接地网，接地网通过接地装置接地，接地网综合接地电阻不宜大于1Ω，接地装置接地电阻不宜大于5Ω。接地电阻是接地网的一个重要参数，概要性地反映了接地网的状况，且与接地网的面积和所在地质情况有密切关系。因此，判断接地电阻也要根据实际情况，如地形、地质等进行综合判断。

第一节 常用工器具

一、钢锯

（1）安装锯条时，应使其锯齿方向为向前推进的方向，根据需要，锯面可与锯架平面平行或成 90°角。

（2）开始锯物品时，用左手的大拇指指甲压在线的左侧，用右手握锯柄，使锯条靠在大拇指旁，锯齿压在线上，锯条与材料平面成一个适当的角度（如 15°左右）。

（3）起锯角度太大时，会被工件棱边卡住锯齿，有可能将锯齿崩裂，并会造成手锯跳动不稳；起锯角度太小时，锯条与工件接触的齿数太多，不易切入工件，还可能偏移锯削位置，而需多次起锯，出现多条锯痕，影响工件表面质量。轻轻推动锯条，锯出一个小口，反复几次，待锯口达到一定深度后，开始双手控制进行正常锯切。

（4）两脚站立位置及手臂姿势。正常锯切时，用右手满握锯柄，主要负责推拉运动和掌握方向，左手轻扶锯弓前端，配合右手将锯扶正并向下施加一定的压力。推进时，要对锯条施加压力；退出时，不要对锯弓施加压力，锯身应轻轻抬起，尽可能减少锯齿与被锯面的接触，以减少对锯齿的磨损，速度要比推进时快些，每次推拉运动身体的动作姿势和幅度要一致。

（5）锯削的速度要均匀、平稳、有节奏，快慢要适度。过快则容易使操作者很疲劳，并造成锯条过热，很快损坏。一般速度为 40 次/min，硬度较高的材料要更低些。

（6）两手用力推进的方向应与锯口方向一致，防止弯曲，避免过度用力推进和快进，以防止推断锯条。

（7）工件将要锯断时，要目视锯削处，左手扶住将要锯断部分材料，右手推锯，压力要小，推进减慢，行程要小。

（8）锯削钢管时，第一次锯透后，可将管子沿着手锯的推进方向旋转一个较小的角度，再沿原锯缝进行下一次锯削。若管材背离推进方向旋转，锯削时管壁会卡住锯齿，有可能将锯齿崩裂或使手锯剧烈跳动，使锯削不平稳。

（9）锯削较薄的板材时，为防止其颤动和变形，可将其用木板夹在台虎钳上。手锯靠近钳口，用斜推的方法进行，使锯条与薄板接触的齿数多些，以避免勾齿现象的产生。

（10）由于锯条与锯弓之间的距离有限，使锯入的深度达不到要求时，可通过改变锯条锯齿方向的方法加以解决。

二、往复式电锯

此电锯额定功率为 1100W，使用电压为 220V，冲程为 28mm，重量为 3.5kg 左右。根据电缆直径选择合适的锯条。

（1）维修或更换锯条前，请务必从插座上拔出插头。安装锯片时必须保证夹板穿过锯片的圆孔，必须抽拉锯片检查是否安装牢固。使用完成后，应先拔掉电源，待锯片冷却后才可以拆卸锯片，防止烫伤。

（2）锯电缆时，操作人员应戴纱手套操作，将电锯的活动挡板靠住电缆，锯条比齐下锯的位置。两脚前后错开站立，确保立足稳定；一只手握住电锯前端，另一只手抓住电锯手柄。视线和电锯条成直线，按下启停按钮后，等待锯片达到全速运转后轻轻放低锯片至切缝处，施加轻微压力。如发现电锯条倾斜、扭曲，应及时矫正，以免影响电缆断口的平整度，避免折断锯条。切割结束时，先释放压力，此后再轻轻抬起电锯，确保其不会再落到电缆上。

（3）操作时，双手必须远离锯割范围；电缆必须有可靠固定，避免锯断后电缆滑落造成人员或物品损伤。

三、卷尺（钢直尺）

（1）首先调整测量或标记段的电缆，确保电缆笔直。

（2）将卷尺（钢直尺）的尺带清洁干净。确定需量取的电缆起始最高点位置，如电缆线芯末端、金具末端、中间头两绝缘间的中心点或半导电口等。

（3）测量时，应用玻璃片或钢直尺比齐电缆线芯末端或金具末端，并保证

与电缆垂直（电缆线芯末端应尽可能保持齐整，如倾斜偏差超过 2mm，应先切齐整后再进行测量）。

（4）先将卷尺或钢直尺零刻度位置紧贴线芯末端玻璃片，将卷尺或钢直尺拉至所需要的刻度，同时保持尺带与电缆平行，确认测量刻度正确，并用白色记号笔进行标记。当对截面 800mm^2 电缆进行测量标记时，必须至少进行径向两个对称位置的测量，保证标记尺寸的准确。

（5）对半导电口等精度要求高的关键尺寸测量时（应考虑去除卷尺端部误差、提高精确度），需从卷尺 100mm 刻度开始测量，读数时再减去 100mm，请务必进行多次校核，确保尺寸测量无误。

（6）做复位标记时，包 PVC 胶带标记时应保持标记与电缆垂直，并记清楚标记位置（规定 PVC 胶带箭头侧为基准标记线）。复位核对应注意电缆吊装造成带材松动，避免标记位置发生改变。如确定定位标记不正确，应重新核算尺寸，确保标记无误。

（7）做好标记后再次检查核对所做标记是否正确。

四、游标卡尺

游标卡尺的主尺和游标上有两副活动量爪，分别是内测量爪和外测量爪，内测量爪通常用来测量内径，外测量爪通常用来测量长度和外径。深度尺与游标尺连在一起，可以测槽和筒的深度。游标卡尺使用示意图如图 3-1 所示。

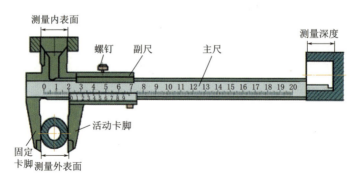

图 3-1　游标卡尺使用示意图

使用游标卡尺时，首先，应松开副尺上的紧固螺钉，旋紧微调装置上的紧固螺钉，用拇指旋动微调轮。游标卡尺的读数为主尺上的整数值加上副尺上的小数值，主尺上的整数值是指副尺零线左边主尺上的毫米整数。然后，在副尺上找出一条与主尺对齐的刻度线，数出副尺格数，副尺上的小数值＝游标卡尺精度×副尺格数。

（1）外径测量。松开副尺上的紧固螺钉，用外径量爪卡住被测物件的外径，轻轻活动几下，使被测物件与游标卡尺垂直，拧紧紧固螺钉，垂直取下游标卡尺，读取读数。

（2）内径测量。松开副尺上的紧固螺钉，用内径量爪伸入被测物件的孔中，撑住内径，轻轻活动几下，使被测物件与游标卡尺垂直，拧紧紧固螺钉，垂直取下游标卡尺，读取读数。注意一般情况下，内径大于10mm的孔实际内径应为读数加10mm。

（3）深度测量。松开副尺上的紧固螺钉，将深度量爪插入孔的底部，使主尺的端部与孔的上沿垂直，拧紧紧固螺钉，取出游标卡尺，读取读数。

五、力矩扳手

由于高压和超高压电缆附件的安全可靠性要求很高，为了保证电气连接点的连通可靠以及保证密封良好，避免造成电缆附件零部件的破裂或损坏，一般对主要螺栓紧固时都有力矩方面的要求。螺栓的紧固要注意采用对角拧紧方式进行，且最少要紧两遍。使用不同型号力矩扳手时，要注意力矩的换算关系，$1kgf \cdot cm = 0.098N \cdot m \approx 0.1N \cdot m$。

（1）在使用扭力扳手时，先将合适型号的套筒子固定在旋盖上，确保固定可靠。

（2）将手柄力矩调节到合适的力度；将方向开关旋到拧紧的位置。

（3）测量时，手要把握住把手的有效范围，沿垂直于管身方向慢慢地向顺时针方向加力，直至听到嗒嗒"提示声为止。

（4）听到"嗒嗒"提示声，表示已达到设置力度，应停止继续操作，不能超量程工作。

（5）扭力扳手是精密机械仪器，操作时应小心谨慎，不可突然施加作用力而导致内部机构失灵。

（6）不能把扭力扳手当锤子使用，应轻拿轻放，不可乱丢，不能随意拆卸，更换部件后应送校验组校准，确定其功能是否满足要求。

（7）66～220kV套管式终端力矩要求如下：

1）应力锥罩螺丝力矩：40N·m。

2）尾管螺丝力矩：20N·m。

3）顶盖螺丝力矩：40N·m。

4）压盖螺丝力矩：20N·m。

5）紧圈螺丝力矩：20N·m。

（8）66～220kV GIS 终端力矩要求如下：

1）环氧套管法兰螺丝力矩：60N·m。

2）尾管螺丝力矩：20N·m。

3）高压端金属连接头或加长杆螺丝力矩：60N·m。

（9）66～220kV 中间接头力矩要如下：

1）铜壳螺丝力矩：20N·m。

2）玻璃钢保护壳螺丝力矩：20N·m。

第二节 专 用 工 具

一、电缆加热校直设备

1. 主要功能

电缆加热校直设备是运用加热的方式，对电缆进行校直再冷却进行定型的装置；温度可调节，并能进行自动控制；常用电缆加热校直设备如图 3-2 所示。

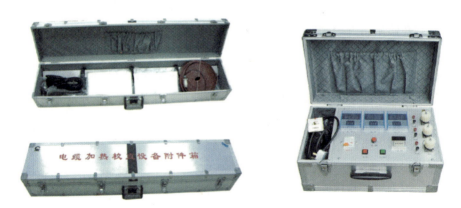

图 3-2 电缆加热校直设备

2. 使用方法

（1）将 3 根加热带分别绕在需加热校直并除去了金属套的电缆半导电缓冲层上，并将热电偶置于加热带下，外面再绕上保温带。将 3 根加热带和 3 根热电偶一一对应地插入控制箱相应位置。

注意：①加热带与热电偶切勿搞混，如同一根电缆上的加热带应与该电缆上的热电偶插在控制箱的同一组插孔上（即"加热1"和"热电偶1"或"加热2"和"热电偶2"等）；②缠绕加热带时，间距要均匀，以1.5cm左右为宜；不要用力带紧加热带以防止局部高温和电缆绝缘受损。

（2）合上电源开关（断路器），电源指示灯亮。

（3）分别调节好3个温度控制器及时间继电器至所需加热温度及保温时间。

注意：参考加热温度为75℃±5℃，保温时间为3h（环境温度为20℃时）。

（4）按下加热按钮，设备进入运行状态，3根电缆将被同时加热；加热达到设定温度后在设定的时间内将保持恒温。

（5）中途如需更改保温时间，更改后按一次复位按钮即可。

（6）加热完成后，关掉电源，拆除保温带及加热带，用校直角铝夹直电缆并用铜丝或铁丝捆紧角铝，电缆冷却后校直过程完成（冷却时间一般需6h）。

（7）使用前应检查各元件是否工作正常，特别应注意温度控制元件测温是否正确，以防发生过热而烧损电缆。

（8）注意监视温度控制元件的工作状态，防止接线错误。

二、电缆校直机

1. 主要功能

电缆校直机是一种施工时需要将电缆进行校直或进行弯曲的施工工具，常用的电缆校直机如图3-3所示。

图3-3　电缆校直机

2. 使用方法

（1）用快换接头将手动液压泵与油缸连接，并关闭手动液压泵回油阀，扭松手动液压泵的排气螺钉。

（2）将要校直或弯曲的电缆放入电缆校直机的左、右校直臂的卡爪中，然

后摇动手动液压泵手柄，使电缆变形。

（3）电缆弯曲到施工所需要求时，即停止摇动手柄。

（4）打开回油阀，使校直机复位，然后重新进行下一处电缆的校直。

（5）使用后，打开回油阀，再将高压油管卸下，将排气螺钉拧紧。

3. 注意事项

（1）电缆校直机额定压力以实物为准。

（2）高压胶管应随时检查，并应避免大折或急转弯，弯曲半径大于 $R200\text{mm}$；工作时操作者不要离胶管太近，以防意外；液压泵工作时不得扳动油管及液压泵。

（3）使用后须将快换接头脱开，快换接头用保护套堵上，以防污物进入快换接头盒钳头缸体。

（4）维修时须经有经验的专业人员维修。

三、电缆绝缘剥削工具

电缆绝缘剥削刀是一种新型的用于电缆绝缘层切削、剥离的施工工具，常用电缆绝缘剥削工具如图 3-4 所示。

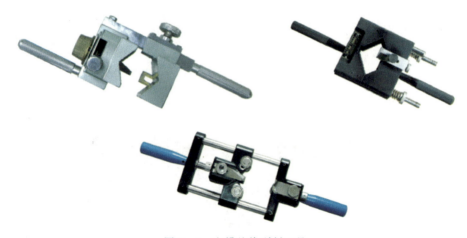

图 3-4 电缆绝缘剥削工具

四、电缆打磨机

1. 主要功能

电缆打磨机适用于电缆绝缘层的抛光，是一种方便、快捷、省力的施工工具，常用电缆打磨机如图 3-5 所示。

 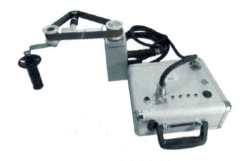

（a）电动打磨机　　　　　　　　　　（b）JMD充电式打磨机

图 3-5　电缆打磨机

2. 使用方法

（1）打磨机仅限用于安装工艺允许打磨的位置，如打磨套管终端上半部分的电缆绝缘和削锥（铅笔头）等，电缆半导电过渡口和主绝缘关键位置禁止使用打磨机。

（2）使用打磨机前必须认真检查砂带机是否有异常：检查电源线是否完好、螺钉是否紧固、压力弹簧是否有压力、电机能否运转等。

（3）打磨机打磨的规范动作。打磨时砂带必须和电缆保持垂直（避免磕碰到电缆绝缘），操作人员一只手握把手（同时控制启停自锁开关），另一只手握支撑手柄，两只手同时轻压，保证环形砂带包裹打磨电缆，并且要不停地匀速往返移动（禁止在局部停留）。

（4）打磨过程中操作人员必须要有较强的操控能力，应该先使用 240 目、320 目及以上的砂带依次打磨；禁止用打磨电缆线芯的砂带打磨绝缘。要保证电缆绝缘圆整度，避免电缆绝缘出现凹痕或者打磨机部件磕碰电缆绝缘。

第三节　压　接　工　具

一、手动液压钳

1. 主要功能

手动液压导线钳具有使用轻巧、方便、压接速度快、安全可靠及密封性能好的优点，并且还具有对被压接的金具及电缆线芯无损伤等特点。钳头能 180°左右旋转，灵活自如，适用多种位置场合，尤其适用于空间狭小场合的电缆压接。常用液压钳如图 3-6 所示。

图 3 - 6　液压钳

2. 使用方法

（1）打开回油阀，使大活塞回位，然后将回油阀拧紧（关闭）。

（2）选择与导线线芯截面相应的上、下压模装入钳头。

（3）将待压接件置于上、下压模之内，掀动手柄，开始压接。

（4）当听到安全阀回油响声时（即上、下压模相碰时），表示已压接到位。

（5）保压 10～15s 后，打开回油阀，使大活塞回位，拧紧回油阀后，又可进行下一道压接。

3. 注意事项

（1）压模两面都有线芯截面标志，其中"T"表示铜线芯，"L"表示铝线芯；压模型号的选择必须与导线线芯截面一致。

（2）高、低压阀工作压力均已调好，不得随意调动。

（3）液压导线钳若发生故障，须由专业技术人员修复或寄回生产厂家修理。

二、分体式液压钳

1. 主要功能

分体式液压压接钳是电线电缆冷轧连接的专用工具，具有压接可靠、使用方便、安全牢靠、密封性能好、安全省力等特点。适用压接范围广，是较为理想的电线电缆冷压连接施工工具。常用分体式液压钳如图 3-7 所示。

2. 使用方法

（1）将手动泵或脚踏泵与钳头用快换接头连接。

（2）按液压泵的使用说明书做好泵工作前的准备工作。

（3）选择压模标志与导线线芯截面相应的压模装入钳头。

图 3-7 分体式液压钳

（4）按液压泵的试验说明书操作液压泵开始压接、保压、回油，然后重新压接下一道压接点。

3. 注意事项

（1）插销一定要插到位。

（2）钳头压力为 60～63MPa。

（3）高压胶管应随时检查，并应避免大折或急转弯、弯曲半径不大于 $R200mm$；工作时操作者不要离胶管太近，以防意外；油泵工作时不得扳动油管及油泵。

（4）使用后须将快换接头脱开，快换接头用保护套堵上，以防污物进入快换接头和缸体。

（5）若损坏须经有经验的专业人员维修。

三、电动液压钳

1. 主要功能

电动液压压接钳是专为大截面电缆冷压连接设计生产的一种电动压接工具，具有压接可靠、使用方便、安全省力等特点。常用电动液压钳如图 3-8 所示。

图 3-8 电动液压钳

2. 使用方法

（1）油泵使用 YA-N32 液压油或 HU-20 汽轮机油，环境温度低于 10℃时

使用 YA - N15 液压油或 HU - 10 汽轮机油。

注意：初次使用前油箱中无油，必须根据当时环境温度选上述相应的液压油注入油箱中。

（2）每次使用前应检查油箱的液面是否保持在油标的中心线以上，以防油泵吸空。每半年清洗一次油箱和滤油器，同时更换新油。

（3）使用前将油泵与钳头用高压胶管及高压接头按标识连接好，拧松排气帽。

（4）按定位键，将挡板手柄旋转 90°起出，选择压模与导线线芯截面及连管，端子外径相应的上下压模装入钳头并连接线芯，再将挡板手柄装好。

（5）打开卸荷阀、启动电机、关闭卸荷阀，当手动换向阀位于左位时左边油管进油，当手动换向阀位于右位时右边油管进油，当手动换向阀位于中位时泵卸载回油，活塞往上运动时即开始压接，当上下压模相碰时，即表示压接到位，扳动手动换向阀使大活塞回位，又可重新压接下一道压接点。

3. 注意事项

（1）各阀出厂前均已调好，不得随意调动。

（2）高压胶管应随时检查，并应避免大折或急转弯，弯曲半径大于 $R200$mm，工作时操作者不要离胶管太近，以防意外，油泵工作时不得扳动油管及油泵。

（3）油泵检修时，用轻柴油或煤油清洗，并注意保护配合面。

（4）液压油必须用 120～160 目滤油网过滤方能加入油箱。

（5）不使用时，将高压接头脱开，并将接头头部用塑料帽堵上，以防污物进入油管和油缸。

（6）损坏时须经有经验的专业人员维修。

第四节　动 火 工 具

常用动火工具主要是液化气喷枪，使用注意事项如下：

（1）为了保证安装人员人身安全，动火之前应先检查气瓶是否有漏气、喷枪气管连接处是否牢固可靠、气管是否有老化迹象，一经发现有隐患存在，应当立即修理或更换。

（2）操作人员应着长袖安装工作服，佩戴手套，禁止打赤膊或将袖子挽起，防止灼烫伤事故发生。

（3）检查操作现场周围有无易燃易爆物品，将无关杂物和危险品移出操作范围。

（4）先开液化气阀门，再开喷枪阀门，液化气气流控制应由小到大调至合适程度。注意液化气瓶阀门不宜开至过大，防止液化气瓶与喷枪连接处的气管和接口处由于气压太大而脱落或气管爆开。

（5）烧沥青时，温度不宜过高，应沿铝护套圆周均匀受热，不能让铝护套局部过度受热，避免铝护套温度过高烫伤电缆内部结构。

（6）收缩热缩附件时用火不宜太猛，以免灼伤材料，火焰沿圆周方向均匀摆动向前收缩。收终端手套时应从中间往两端收缩，收终端热缩管时应从下往上收缩，收中间热缩管时从中间往两端收缩。收应力管时，应力管必须与屏蔽层搭接，应力管的上端超过屏蔽断口以上 60mm 的长度。整个操作过程温度不宜过高，防止由于局部温度过高而使其烧焦或开裂。

（7）操作完成后，应先关液化气瓶阀门，使喷枪气管里的液化气完全燃尽后再关喷枪阀门，防止卸下喷枪时，喷枪内的残余气体遇明火后发生火灾或爆炸。

第四章
安全防护

第一节 防 火

一、防火制度的建立

（1）安装现场需建立健全的防火检查制度。

（2）建立义务消防队，人数不少于安装总人数的10％。

（3）建立动用明火的审批制度，按规定划分级别，审批手续完善，并有监护措施。

二、消防器材的配备

（1）临时安装现场每25m² 配备一支种类合适的灭火器。

（2）10m 高度以上的高层建筑安装现场，应设置足够扬程的高压水泵或其他消防设备和设施。

三、安装现场防火要求

（1）涉及接触明火、易燃、易爆、带电设备、高温作业的工作，必须穿着纯棉工作服，以防工作服燃烧时加重燃烧程度。

（2）动火工作必须按要求办理动火工作票（视客户情况办理），现场要求配置合适的灭火器材。

（3）焊接地线时，应检查周围环境的易燃易爆物品是否符合安全距离的要求，如不符合，应予以移开或清除。

（4）焊接前应检查喷枪是否完好，戴好防护手套，避免高温烫伤、灼伤。使用完毕及时关紧气阀，熄灭火焰。

（5）启用高压气瓶时应使用减压装置，未经减压阀减压的气瓶严禁开启、使用。开启气瓶时，人应站在出气口的侧面，用专用扳手开启瓶阀。发现泄漏应立即关闭，并采取措施转移到安全位置后尽快处理。

（6）使用液化气进行热缩、制作电缆头等工作时，气瓶应立放，周围不得有明火、电焊等作业。

（7）注意施工时的汽油、变压器油及酒精等易燃物品的安全使用和存放。

（8）使用电缆加热校直设备期间，应有专门的人员看守，防止发生意外起火事故。

（9）安装现场的消防器材，应指定专人进行维护、管理、定期更新，保证完整好用。

四、应急救援需展开的工作

一旦发现起火，要求做到以下工作：

（1）及时报警、组织扑救。一旦发现火情，现场无法控制，应立即拨打"119"报警。在公安消防队未到达火场之前，应抓住时机，组织队员迅速、果断地进行初期灭火；同时组织其他员工维护火场秩序，划定火场警线，禁止闲人进入，以防带来其他不安全因素，影响灭火工作。

（2）必须立即完全切断二级配电箱到火灾现场的电源线。

（3）集中力量、控制火势。进入火场进行扑火前，应正确判断火源所在位置，切断电源、气源，并根据燃烧物质的性质、数量、火势蔓延方向、燃烧速度、可能燃烧的范围作出正确的判断，集中灭火力量在火势蔓延的主要方向进行扑救以控制火势蔓延。

（4）积极抢救被困人员。救火的主要任务之一是抢救生命，因此在救火的同时，要组织强壮人员，并由熟悉情况的人员做向导，积极寻找和抢救被火势围困的人员，并做到：

1）寻找人的地点。注意施工现场的人员搜寻，如工井内、变电站地下夹层等地方的寻找。

2）寻找人的方法：①喊：进入火场先喊"有人没有"，并用安慰的口气叫他们出来；②听：在喊完之后，要听哪里有回答声、呼救声、喘气声；③看：在喊、听的同时要看，在有浓烟的地方，要蹲在地上详细看；④摸：在有浓烟或黑夜寻找要摸，特别对失去知觉的人。

3）施救人的方法：①浓烟封锁道路，被救者迷失方向，但他们还能独自行

动，必须使用通风机排除道路上的浓烟，设法把他们领出火场；②火势切断了道路，被救者受到火势的严重威胁，自己不能脱离危险，要引导被救者到上风的安全地带；③火势对施救者和被救者未形成严重威胁，但被救者惊慌失措，要设法说服他们稳定情绪后，把他们领出来；④在施救过程中，可以用背、抬、扛等方法。

4）对施救人员的要求：①要做到"四要"，即要稳、要准、要果断、要勇敢；②救人时，要做好保护工作，消除火势的威胁，不要叫他们乱跑；③不能听任被救者自己行动，必须有组织的疏散；④救出来后，要清点人数，对伤者要及时送医院急救。

（5）疏散和保护物资。安排人力和设备，将受到火势威胁的物资疏散到安全地带，以减少火灾损失，阻止火势的蔓延。

1）火场上应将正在燃烧或急于疏散可能扩大火势和有爆炸危险的物资（如起火点附近的汽油、油桶、酒精、装有气体的钢瓶和其他易燃、易爆物品）；性质重要、价格昂贵的物资（如重要资料、经济价值较大的产品、设备等）；影响灭火战斗的物资（如易燃物品、包装箱等）。

2）进行物资疏散时：①应按照负责人的要求，使疏散工作有秩序地进行，防止混乱，注意安全，避免砸伤、挤伤等事故的发生；②应先疏散受水、火、烟威胁最大的物资；③疏散出来的物资应堆放在上风向安全地带，不得堵塞通道。

第二节　防　触　电

一、安装现场防触电要求

（1）邻近变电站带电设备工作时，工作许可人应在工作点四周设置可靠、明显的隔离措施和安全标示牌。严禁任何人员在工作中移动、拆除、跨越遮拦。防止走错工作点，误登带电设备。

（2）在办好工作许可手续之前，任何人员都不准提前进入施工现场作业。登高作业分队长要求和客户沟通办理登高许可证等相关事宜。

（3）严格执行安全技术交底制度。工作班组开工前执行站班会制度，分队长应向队员宣讲施工安全注意事项、施工时间、工作内容、停电范围、邻近带电部位，明确分工任务和责任后方可开工。

（4）严格执行带电设备装、拆接地线规程。人体不得碰触接地线，先装接地端，先拆带电端，并保持相应电压等级的安全距离。

（5）安装人员活动范围、工具及材料等带电导线最小距离应保证不小于其安全距离：10kV 及以下距离 0.7m；35kV 距离 1m；110kV 距离 1.5m；220kV 距离 3m；500kV 距离 5m。不能用限制作业人员肢体活动的方式来满足安全距离。

（6）严禁用导线直接插入插座取电源，插座与插头应配套、完好无损。

（7）恶劣及雷雨天气时应停止户外露天作业，防止雷击伤人。

（8）安装现场临时用电设施和器材应有产品合格证，必须经过国家专业检测机构认证。

二、应急救援需展开的工作

触电事故在建筑业生产安全事故中占有相当大的比例。而触电事故的发生，往往是由于施工现场临时用电管理不善，电气线路、设备安装不符合安全要求，金属物体触碰高压线，在高处作业误碰带电体或误送电而触电并坠落；电钻等手持电动工具电源线松动，汗水浸透手套、湿手操作机器按钮，因暴风雨、雷电等自然灾害以及由于人的蛮干行为而导致。施工现场一旦发生触电事故，其急救方法如下。

1. 脱离电源

当人体触电以后，可能由于痉挛失去知觉等原因而紧抓带电体，不能自己摆脱电源。此时，急救触电者的首要步骤就是使触电者尽快脱离电源。

（1）对于低压触电事故，使触电者脱离电源的方法为：

1）如果触电地点附近有电源开关，可立即拉开开关来断开电源。

2）若触电地点附近没有电源开关，可用有绝缘柄的平口钳切断电线来断开电源，或用干木板等绝缘体插入触电者身下，以隔断电源。

3）当电源搭落在触电者身上或被压在身下时，可用干燥的衣服、手套、绳索、木板、木棒等绝缘物体作为工具，拉开触电者或拉开电线。

（2）对于高压触电事故，使触电者脱离电源的方法为：

1）立即通知有关部门停电。

2）戴上绝缘手套，穿上绝缘靴，用相应电压等级的绝缘工具按顺序拉开开关。

2. 现场急救

当触电者脱离电源后，要根据触电者的具体情况，迅速进行现场急救（具

体急救方法见"对事故现场伤员的初步处理")。

第三节　防　中　毒

一、安装现场防中毒要求

（1）含毒性的物品应单独存放，不得与其他物品混放。

（2）含毒性物品应有明显标识，并要建立严格的使用流程。

（3）严禁进入刚放完 SF_6 气体的罐体内部安装 GIS 产品零部件。如条件限制必须进入安装，需保证通风良好，确保无残留气体后方可进入罐体，防止造成人员缺氧窒息。工作中闻到刺激性或令人不舒服的气味，应立即停止工作，迅速跑到有新鲜空气的环境中。

（4）在电缆沟道、电缆井施工时，要保证通风良好。长时间封闭的沟道要检查是否有缺氧、有毒等情况。通风不良的井口要求加装鼓风装置。

（5）有害、有毒的废弃物品应采取合理的处理措施，不得随处丢置。

二、安装现场防中毒需展开的工作

发现中毒人员者应立即向分队长报告，并迅速采用鼓风机等设备保证空气流通，紧急营救窒息和中毒的人员，同时拨打"120"或直接送医院抢救。

第四节　防　坠　落

（1）对从事高处作业人员严格把关。患有高血压、心脏病、贫血病、癫痫病等人员不允许参加高处作业。

（2）在没有脚手架或者在没有栏杆的脚手架上工作，或坠落相对高度超过1.5m，必须使用安全带，或采取其他可靠的安全保护措施。

（3）高处作业人员应穿软底鞋，正确佩戴安全带和安全帽等防护用具。进入生产现场必须正确佩戴安全帽。没有下颏带的安全帽不允许使用。

（4）严禁人员乘坐无吊篮的起重车进行高处作业。乘坐有吊篮的起重车进行高处作业时，应关好出入门，系好安全带，戴好安全帽，起重车车体应有可靠接地措施，并设专人指挥和监护。

（5）禁止酒后登高作业，夜间照明或设施不足、精神不振时禁止上杆塔或登高作业。

（6）上下基坑、孔洞应使用专用通道、梯子，作业人员不得攀爬脚手架或绳子等临时设施上下。

（7）在高处上下层同时作业时，中间应搭设严密牢固的防护隔离设施，以防落物伤人。传递工具应使用工具袋且不能上下抛掷。高处作业下方不准人员通行和逗留，并应设置围栏或遮栏，悬挂警告牌。

第五节　防机械伤害

（1）在吊装110kV/220kV电缆瓷套或复合套终端时，要求根据现场情况划定危险作业区，设置醒目的警示标志，防止无关人员进入。

（2）起重吊装套管前，应对吊带、吊环、卸扣进行常规外观检查，确保其性能良好。吊装套管必须绑牢，吊钩与吊物重心应找正。

（3）注意吊臂与附近带电体、带电线路有足够的安全距离。35～110kV最小安全距离不小于4m；220kV不小于6m；500kV不小于8.5m。

（4）升降、吊装套管时，施工人员应与吊车操作人员密切配合，确保人身及产品施工安全。

（5）使用刀具、电锯类器具时，应戴好防护手套，以防割伤。

（6）使用葫芦等借力工具时要遵循使用规程，应在各方面都完好无损的情况下才能使用，并且使用过程中不得超过其额定重量。

第五章
中压电缆预处理

第一节 中压电缆外护套剥切

一、知识点

（1）外护套。中压电缆外护套的作用是保护电缆金属护层不受外界潮气和腐蚀因素影响。

图 5-1 电缆外形

（2）外护套材质主要有聚氯乙烯（PVC）、聚乙烯（PE）。其中：①PVC 具有力学性能好、能耐化学腐蚀、耐候性好、绝缘性能好、容易加工等性能；②PE 具有绝缘电阻、耐电压强度、耐磨性、耐热老化性能、低温性能、耐化学稳定性、耐水性优异等性能。

电缆外形如图 5-1 所示。

二、技能点

1. 读图

认识和理解图 5-2 中符号的意义。

2. 选择合适的工具

工具包括电缆刀、一字螺丝刀、专用剥切刀、美工刀等。

3. 剥切外护套

（1）确定接头中心、终端尺寸，预切割电缆。

1）将电缆调直，清洁外护套表面。

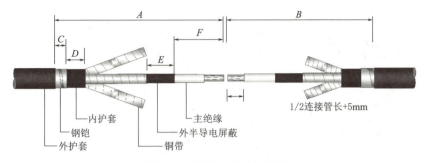

图 5-2　电缆预处理示意图

2）确定接头中心电缆长端 A 和短端 B（终端电缆长度），锯除多余电缆。

（2）切外护套。

1）为防止钢铠松散，剥切外护套时分两次剥除。

2）先按标记处环切，再纵向切。切口闭合，与电缆轴向垂直，无毛刺。

3）切剥深度为 2/3 电缆外护套厚度，不得切透，以免伤及下一层。

（3）去除外护套。用工具撬开外护套，并去除，如图 5-3 所示。

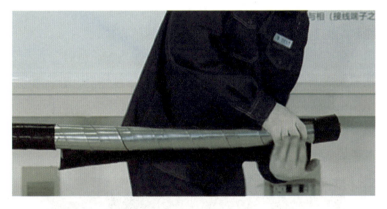

图 5-3　去除电缆外护套

第二节　中压电缆铠装剥切

一、知识点

铠装层：中压电缆铠装层的作用是保护电缆不受外力（径向压力和纵向拉力）破坏，常见的有钢带和钢丝两种形式。电缆剖面如图 5-4 所示。

图 5 - 4　电缆剖面

二、技能点

1. 选择合适的工具

工具包括一字螺丝刀、老虎钳、钢锯、平板锉等。

2. 剥切铠装层

（1）在标记处用恒力弹簧或者铜丝将镀锌钢铠扎紧。

（2）使用恒力弹簧时，注意缠绕方向与钢铠缠绕方向相同。

（3）使用镀锌铜丝时，直径不得小于 2.0mm，缠绕不少于 3 圈。

（4）用钢锯沿固定钢铠物边缘环状锯切铠装，如图 5 - 5 所示。

（5）锯割深度不超过 2/3，不得锯透，以免伤及下一层。

（6）锯割后，用钢丝钳向下 45°卷绕，去除钢铠，如图 5 - 6 所示。

图 5 - 5　剥切铠装层一

图 5 - 6 剥切铠装层二

第三节 中压电缆内护套剥切

一、知识点

1. 内护套

中压电缆内护套是聚合电缆的三芯，并起到保护线芯、避免绝缘受潮的作用。

2. 填充物

中压电缆由三芯组成，填充物可以使电缆成型时保持圆形，结构稳定，并可以起到阻水、耐火作用，常见石棉、聚丙烯等。要求是性能稳定的非吸湿性材料。

二、技能点

1. 选择合适的工具

工具包括电缆刀、一字螺丝刀、专用剥切刀、美工刀。

2. 内护套剥切及填充物

（1）先按标记处环切，再纵向切。切口闭合，与电缆轴向垂直，无毛刺。切刀深度 2/3 电缆护套，不得伤及下一层。

（2）去除内护套。用工具由端部撬开内护套，并去除。

（3）去除填充物。用工具在根部由内向外切割填充物，并去除，如图 5 - 7 所示。

51

注意： 去除填充物后，立即用PVC胶带固定铜屏蔽，防止铜屏蔽松散，如图5-8所示。

图5-7 去除内护套及填充物

图5-8 固定铜屏蔽断口

第四节 中压电缆金属屏蔽剥切

一、知识点

1. 金属屏蔽层

中压电缆金属屏蔽层以铜带为主，如图5-9所示。

2. 作用

（1）为短路电流提供通路。

（2）接地后保持稳定的地电位，起到屏蔽作用。

二、技能点

1. 选择合适的工具

工具包括电缆刀、一字螺丝刀、老虎钳、专用剥切刀、美工刀等。

2. 金属屏蔽剥切

（1）按标记处用恒力弹簧或者 PVC 胶带，沿铜屏蔽绕紧方向绑扎。

图 5-9　电缆金属屏蔽

（2）用工具将标记处铜屏蔽剥开一个口，然后沿环状撕除铜屏蔽，如图 5-10 所示。注意切口平整、无毛刺。

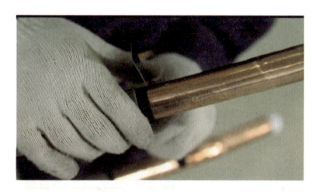
图 5-10　环切铜屏蔽

（3）用 PVC 胶带进行铜屏蔽断口绕包，如图 5-11 所示。

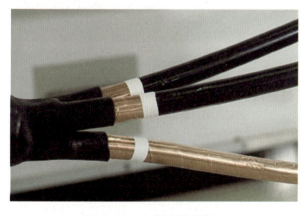
图 5-11　包绕铜屏蔽断口

第五节　中压电缆绝缘屏蔽处理

一、知识点

绝缘屏蔽层：在绝缘表面加一层半导电材料的屏蔽层，使绝缘界面处表面光滑，并借此消除界面空隙的导电层。

二、技能点

1. 选择合适的工具

工具包括电缆刀、美工刀、钢丝钳等。

2. 绝缘屏蔽处理

（1）用钢丝钳从端头剥开部分绝缘屏蔽，然后环绕一周，将绝缘屏蔽撬起。

（2）在标记处用专用电缆刀或美工刀在绝缘屏蔽标记处环形切一圈，注意不要切透，如图 5-12 所示。

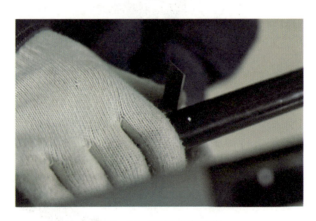

图 5-12　环切绝缘屏蔽

（3）从环形圈处在屏蔽上面纵向切 3～4 刀，均切到端头为止；刀锋深度按照屏蔽层的 2/3 左右控制，不可全部划透，避免划伤主绝缘，如图 5-13 所示。

（4）将屏蔽层逐条拉掉；将要拉到靠近根部时放缓，根部要横向拉除；防止将外屏蔽翘起，如图 5-14 所示。

（5）用砂纸或者美工刀进行绝缘屏蔽层断口倒角处理（图 5-15）。坡面应平整光洁，与绝缘层保持平滑过渡。

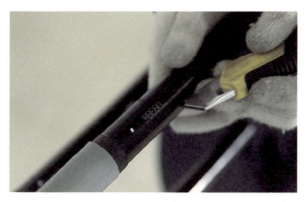

图 5-13　纵切绝缘屏蔽

图 5-14　绝缘屏蔽去除

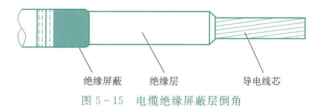

绝缘屏蔽　　　绝缘层　　　　　导电线芯

图 5-15　电缆绝缘屏蔽层倒角

第六节　中压电缆主绝缘处理

一、知识点

主绝缘是包覆在导体外围起着电气绝缘作用的构件。中压电缆的常用材料为交联聚乙烯。

二、技能点

1. 选择合适的工具

工具包括电缆刀、美工刀、钢丝钳等。

2. 读图及标记能力

量取附件要求的尺寸，并标记。

3. 主绝缘处理及工艺要求

（1）打磨绝缘表面。打磨绝缘要用新砂纸，要均匀，不能有凹痕。

（2）从端部量取规定尺寸，并标记。

（3）用工具剥除线芯末端绝缘，若需可切削成"铅笔头"，保留内半导电层。

1）切割线芯绝缘时刀口不得损伤导体，剥除绝缘层时不得使导体变形，如图 5-16 所示。

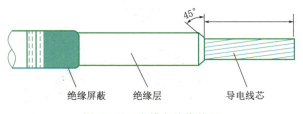

图 5-16 电缆主绝缘处理

2）"铅笔头"切削时，锥面应圆整、均匀、对称，并用砂纸打磨光洁，切削时刀口不得划伤导体。

3）保留的内半导电层表面不得留有绝缘痕迹，端口平整，表面应光洁。

第七节 中压电缆导体处理

一、知识点

导体是电流或电磁波信息传输功能的最基本且必不可少的主要构件。主要材料用铜、铝等导电性能优良的有色金属制成。

二、技能点

1. 选择合适的工具

工具包括压接钳、压模、钢丝刷、锉刀。

2. 导体压接前处理

（1）压接前将导线进行整形，避免出现散股、毛刺等不规则形状，若有毛刺应用锉刀修整。

（2）用钢丝刷将线芯内嵌入的半导体残余去除干净。

（3）用金属砂纸或钢丝刷打磨线芯，直至出现金属光泽为止。

3. 终端压接

（1）终端压接顺序参照图 5-17。

（2）按 GB 14315 相关要求控制压痕间距 b_1 及其与圆筒端部距离 b_2。

（3）压接后表面应光滑，不得有裂纹和毛刺，所有边缘不得有尖端，若有飞边应打磨处理。

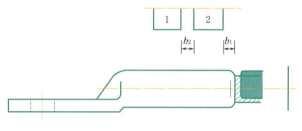

图 5-17 电缆终端压接示意图

4. 中间接续管压接

（1）中间接续管压接顺序参照图 5-18。

（2）按 GB 14315 相关要求控制压痕间距 b_1 及其与圆筒端部距离 b_2。

（3）压接后表面应光滑，不得有裂纹和毛刺，所有边缘不得有尖端，若有飞边应打磨处理。

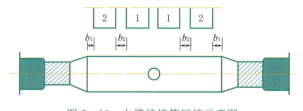

图 5-18 电缆接续管压接示意图

第六章
中压电缆附件安装接地处理

第一节 铠 装 接 地

一、知识点

电缆终端铠装层接地主要是用于内护套绝缘试验。

二、技能点

1. 终端铠装层接地处理

（1）接地编织带必须固定在铠装的两层钢带上。

（2）用锉刀或锯条将铠装层打磨，将铠装层接地线固定在终端铠装上。要求先将恒力弹簧缠绕固定铜编织带一圈后，再将铜编织带端头反折至恒力弹簧上，再缠绕恒力弹簧抱紧铜编织带。

（3）固定铠装层恒力弹簧的外面用 PVC 胶带绕包固定，防止松散，并在恒力弹簧外用高压绝缘自粘带将钢铠部分绕包，以保证铠装层接地线与屏蔽层接地线之间绝缘。

（4）铠装层接地线与屏蔽层接地线之间错开 90°以上。

（5）自外护套断口向下 40mm 范围内的接地线必须做 20～30mm 的防潮段，同时在防潮段下端电缆上绕包两层密封胶，将接地编织带埋入其中，提高密封防水性能，如图 6-1 所示。

2. 接头铠装层接地处理

（1）用锉刀或锯条打磨铠装层，将铠装层接地铜编织带用恒力弹簧固定在接头铠装上，将接头两端铠装层连通。

图 6-1　电缆终端铠装接地处理

（2）先将恒力弹簧缠绕固定铜编织带一圈后，再将铜编织带端头反折至恒力弹簧上，再缠绕恒力弹簧抱紧铜编织带，如图 6-2 所示。

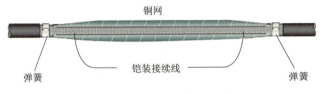

铜网

铠装接续线

弹簧　　　　　　　　　　　　　　　　　　弹簧

图 6-2　电缆接头铠装恢复

第二节　金属屏蔽接地

一、知识点

电缆终端金属屏蔽层接地的作用：一是当电缆发生绝缘击穿或系统短路时，通过故障电流；二是接地后，形成稳定的地电位，起到均匀电场的作用。因此，在中间头制作中，金属屏蔽层的恢复是两个过程，分别使用铜网和铜编织带，恢复金属屏蔽层的两个作用。

二、技能点

1. 终端金属屏蔽接地处理

（1）接地编织带必须固定在三相铜屏蔽层上。

（2）对金属屏蔽层接地点进行打磨。

（3）自外护套断口向下 40mm 范围内铜编织带必须做 20～30mm 的防潮段，同时在防潮段下端电缆上绕包两层密封胶，将接地编织带埋入其中，提高密封防水性能。

图 6-3　电缆终端金属屏蔽处理

（4）铠装层接地线与屏蔽层接地线之间错开 90°以上。

（5）将屏蔽接地铜编织带用恒力弹簧抱紧在终端的金属屏蔽层上。要求先将恒力弹簧缠绕固定铜编织带一圈后，再将铜编织带端头反折至恒力弹簧上，再缠绕恒力弹簧抱紧铜编织带，如图 6-3 所示。

2. 接头金属屏蔽处理

（1）将铜网覆盖或搭接绕包在接头主体表面，铜网两端分别与电缆金属屏蔽层搭接。

（2）用恒力弹簧将屏蔽接地铜编织带抱紧在接头的金属屏蔽层上，将接头两端的金属屏蔽层连通。

（3）先将恒力弹簧缠绕固定铜编织带一圈后，再将铜编织带端头反折至恒力弹簧上，再缠绕恒力弹簧抱紧铜编织带，如图 6-4 所示。

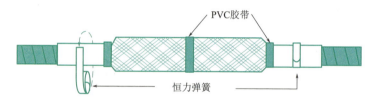

图 6-4　电缆接头金属屏蔽层恢复

第七章
中压电缆终端部件安装

第一节　冷缩终端部件安装

一、知识点

中压电缆冷缩终端附件：应用乙丙橡胶、三元乙丙橡胶或硅橡胶加工成型，经扩张后用螺旋形尼龙条支撑，安装时按照逆时针方向抽去支撑尼龙条，绝缘管靠橡胶收缩特性紧缩在电缆线芯上的部件。

二、技能点

1. 安装冷缩三相分支手套

（1）电缆三叉部位用填充胶绕包后，根据实际情况，上半部分可半搭盖绕包一层 PVC 胶带，以防止内部粘连和抽塑料衬管条时将填充胶带出，但填充胶绕包体上不能全部绕包 PVC 胶带。

（2）冷缩分支手套套入电缆前应先检查三指管内塑料衬管条内口预留是否过多，注意抽衬管条时应谨慎小心，缓慢进行，以避免衬管条弹出。

（3）分支手套应套至电缆三叉部位填充胶上，必须压紧到位。检查三指管根部，不得有空隙存在。

（4）收缩后在手套下端用绝缘带绕包四层，再绕包两层 PVC 胶带，加强密封。

2. 安装冷缩护套管

（1）安装冷缩护套管，抽出衬管条时，应速度、均匀、缓慢，双手应协调配合，防止冷缩护套管收缩不均匀，造成皱褶和反弹。

（2）护套管切割时绕包不得少于两层 PVC 胶带固定，圆周环切后才能纵向剥切。剥切时不得伤及铜屏蔽层，严禁无包扎切割。

3. 剥除铜屏蔽层、外半导电层

（1）自冷缩管端口向上量取 15mm 长铜屏蔽层，其余铜屏蔽层去掉（尺寸按相应附件图纸），如图 7-1 所示。

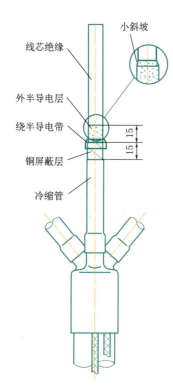

（2）自铜屏蔽断口向上量取 15mm 长半导电层，其余半导电层去掉（尺寸按相应附件图纸）。

（3）拉伸半导电带，半搭盖将铜屏蔽层与外半导电层之间的台阶盖住。

4. 剥切线芯绝缘

（1）自电缆末端剥去线芯绝缘及内屏蔽层 L（L 为端子孔深，含雨罩深度），剥切绝缘层时，注意不得损伤线芯导体，剥切绝缘撬开时，应顺着导线绞合方向进行，不得使线芯松散。

（2）内半导电层应剥除干净，不得有残留。

（3）将绝缘层端头倒角，用细砂纸将绝缘层表面打磨光滑。处理时，用 PVC 胶带黏面朝外，将电缆线芯进行临时保护，防止倒角时伤到导体。

（4）外半导电层端口切削成约 4mm 的小斜坡，并用砂纸打磨光洁，与绝缘圆滑过渡，如图 7-2 所示。

（5）将绝缘表面用两种不同型号的砂带打磨（如 320 目、400 目），以去除嵌在绝缘表面的半导电颗粒或浅刀痕。

图 7-1　铜屏蔽层、半导电层剥切尺寸

5. 安装终端绝缘主体

（1）用清洁纸从上至下把各相擦干净，清洁时应从绝缘端口向外半导电层方向擦抹，不能反复擦。待清洁剂挥发后，在绝缘层表面均匀地涂上硅脂。

（2）复核尺寸，确定定位标记无误。

（3）将冷缩终端绝缘主体套入电缆，衬管条伸出的一端后入电缆，沿逆时针方向均匀地抽掉衬管条使终端绝缘主体收缩；然后用扎带将终端绝缘主体尾部扎紧。

注意： 终端绝缘主体收缩好后，其下端与标记齐平。

6. 安装罩帽

（1）将罩帽穿过线芯套上接线端子，压接接线端子。

注意： 必须将接线端子雨罩罩过罩帽端头。

（2）将相色带绕在各相终端下方。

（3）将接地铜编织带与地网连接好，安装完毕。

10kV XLPE 电缆冷缩式终端头结构如图 7-3 所示。

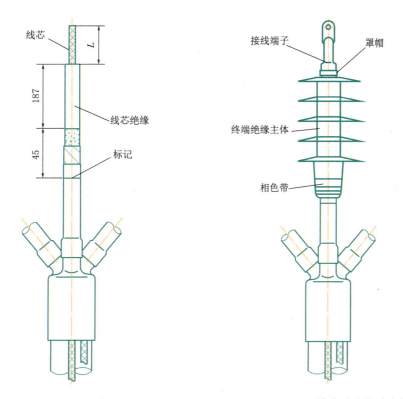

图 7-2 线芯绝缘剥切尺寸　　图 7-3 10kV XLPE 电缆冷缩式终端头结构

第二节 热缩终端部件安装

一、知识点

中压电缆热缩终端附件：应用高分子聚合物的基料加工成绝缘管、应力管、分支套和伞裙等部件，在现场经装配、加热，紧缩在电缆绝缘线芯上的附件。

二、技能点

1. 热缩分支手套

（1）将两条铜编织带撩起，在防潮段处的外护套上包缠一层密封胶，再将铜编织带放回，在铜编织带和外护层上再包两层密封胶带，使两条铜编织带相互绝缘。

（2）套入分支手套，并尽量拉向三芯根部，必须压紧到位。

（3）从分支手套中间开始向下端热缩，然后向手指方向热缩。注意火焰不得过猛，应环绕加热、均匀收缩。收缩后不得有空隙存在。

（4）热缩完成，待冷却后，在分支手套下端口部位，绕包几层密封胶加强密封。

2. 剥切铜屏蔽层、外半导电层

（1）在距分支手套手指端口 55mm 处将铜屏蔽层剥除。切割时，只能环切一刀痕，不能切透，以免损伤外半导电层。

（2）在距铜屏蔽端口 20mm 处剥除外半导电层。

3. 清洁绝缘表面

（1）将绝缘表面用两种不同型号的砂带打磨（如 320 目、400 目），以去除吸附在绝缘表面的半导电粉尘或浅刀痕。

（2）用清洁纸将绝缘表面擦净，清洁时应从绝缘端口向外半导电层方向擦抹，不能反复擦。

（3）仔细检查绝缘层，如有半导电颗粒、较深的凹槽等必须用细砂纸打磨干净，再用清洁纸擦净。

4. 包应力控制胶

将应力控制胶拉薄，包在半导电层断口将断口填平，压外半导电层 5mm 左右，压绝缘层 10mm 左右。

5. 热缩应力控制管

如图 7-4 所示，将应力控制管套在铜屏蔽层上，与铜屏蔽层重叠 20mm，从下端开始向电缆末端热缩。

6. 热缩绝缘管

（1）在线芯裸露部分包密封胶，并与绝缘搭接 10mm，然后在接线端子的圆管部位包两层，在分支手套的手指上各包一层密封胶。

（2）在三相上分别套入耐气候绝缘管，套至三叉根部，从三叉根部向电缆末端热缩。

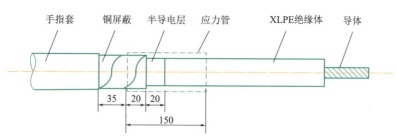

图 7-4　10kV 热缩终端电缆芯剥切尺寸（单位：mm）

7. 剥除绝缘层、压接端子

（1）核对相色，按系统相色摆好三相线芯，户外终端头引线从内护套端口至绝缘端部不小于 700mm，户内不小于 500mm。

（2）再留端子孔深加 5mm，将多余电缆芯锯除。

（3）将电缆端部接线端子孔深加 5mm 长的绝缘剥除，绝缘层端部倒角。

（4）擦净导体，套入接线端子进行压接，压接后将接线端子表面用砂纸打磨光滑、平整。

8. 热缩密封管和相色管

（1）在接线端子和相邻的绝缘端部包缠密封胶，然后热缩密封管。

（2）按系统相色，在三相接线端子上套入相色管并热缩。

9. 安装户外终端头

图 7-5 所示为防雨裙安装位置，按图安装户外终端头。

10. 接地线连接

终端头的铜屏蔽层接地线及铠装接地线均应与接地网连接良好。

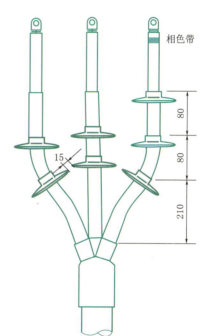

图 7-5　防雨裙安装位置

（单位：mm）

第三节　预制终端部件安装

一、知识点

中压电缆预制终端附件：应用乙丙橡胶、三元乙丙橡胶或硅橡胶材料，在工厂经过挤塑、模塑或铸造成型后，再经过硫化工艺制成的预制件，在现场进行装配的附件。

二、技能点

1. 热缩分支手套（或冷缩手套）

（1）将两条铜编织带撩起，在防潮段处的外护套上包缠一层密封胶，再将铜编织带放回，在铜编织带和外护层上再包两层密封胶带，使两条铜编织带相互绝缘。

（2）套入分支手套，并尽量拉向三芯根部。

（3）取出手套内的隔离纸，从分支手套中间开始向下端热缩，然后向手指方向热缩。

2. 安装绝缘保护管

清洁分支手套的手指部分，分别包缠红色密封胶，将 3 根绝缘保护管分别套在三相铜屏蔽层上，下端盖住分支手套的手指，从下端开始向上加热，使其均匀收缩。

3. 剥除多余保护管

（1）将三相线芯按各相终端预定的位置排列好，用 PVC 胶带在三相线芯上标出接线端子下端面的位置。

（2）将标志线以下 185mm（户外为 225mm）电缆线芯上的热缩保护管剥除。

4. 剥除铜屏蔽带及外半导电层

按图 7-6 所示将距保护管末端 15mm 以外的铜屏蔽带剥除，将距保护管末端 35mm 以外的外半导电层剥除。

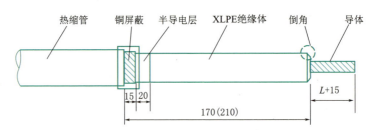

图 7-6　10kV XLPE 电缆预制式终端头缆芯剥切尺寸（单位：mm）

L—接线端子孔深

5. 包缠半导电带

在铜屏蔽带上包缠圆柱状半导电带，长 25mm，即分别压半导电层和保护管各 5mm，其直径 D 符合表 7－1 所给尺寸。包缠时应从压 5mm 外半导电层开始。

表 7－1 包缠半导电带尺寸

电缆截面积/mm²	150	240
D/mm²	35	38

6. 锯除多余电缆芯

按图 7－6 所示尺寸，将多余电缆芯锯除。

7. 剥除绝缘层

按图 7－6 所示尺寸，将电缆芯端部接线端子孔深加 15mm 长的绝缘剥除，绝缘端部倒角 3mm×45°。

8. 安装终端头

（1）擦净线芯、绝缘及半导电层表面。

（2）在导电线芯端部包两层 PVC 胶带，防止套入终端头时刺伤内部绝缘。

（3）在线芯绝缘、半导电层表面及终端头内侧底部均匀地涂上一层硅脂。

（4）套入终端头，使线芯导体从终端头上端露出，直到终端头应力锥套至电缆上的半导电带缠绕体为止。

（5）擦净挤出的硅脂，检查确认终端头下部与半导电带有良好的接触和密封，并在底部装上卡带，包缠相色带。

9. 压接接线端子

拆除导电线芯上的 PVC 胶带，将接线端子套至线芯上，并与终端头顶部接触，用压接钳进行压接。

10. 连接接地线

将终端头的铜屏蔽接地线及铠装接地线与地网良好连接。

10kV XLPE 电缆预制式终端头的整体结构如图 7－7 所示。

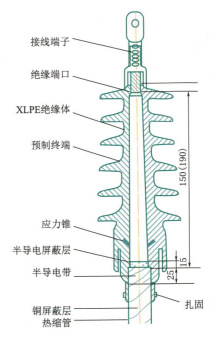

图 7－7 10kV XLPE 电缆预制式
终端头结构（单位：mm）

第四节　接线端子连接

一、知识点

接线端子连接：电缆导体的末端与架空线、配电装置及变电站母排连接。

二、技能点

（1）去除导体上面的 PVC 胶带，导体连接金具压接前再次核对主体部件是否已经按图纸或工艺要求提前套入。

（2）使用砂带打磨导体线芯表面，将导体连接金具套入线芯，压接连接金具。导体连接金具的压接应按照先压两端再压中间的顺序进行。压接后适当保护电缆主绝缘表面，使用锉刀或砂带打磨压接过程产生的尖角、毛刺。

（3）在导体连接金具与终端主体上端之间用绝缘带包好，并在外部绕包 PVC 胶带（详见厂家安装工艺说明），再套入一根冷缩密封管，衬管条伸出的一端后入电缆，抽掉衬管条要求冷缩密封管一端与终端主体搭接，另一端与导体连接金具搭接，如图 7-8 所示。

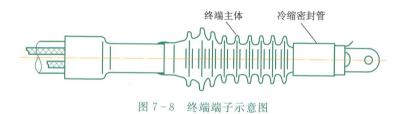

图 7-8　终端端子示意图

第五节　可分离连接器安装

一、知识点

适用于开关装置和变压器的可分离连接器。

二、技能点

1. 安装前后电缆固定

将电缆用固定夹抱紧，并按照安装工艺图纸尺寸要求预留一定长度的待处理电缆。

2. 组部件应力锥安装

（1）掀起铜编织带，在电缆外护套断口绕包填充胶，将两铜编织带压入填充胶内并绕包填充胶覆盖两铜编织带。

（2）从电缆最终切断点向下（后）量取长度 D（D 为定值，详见安装说明或图纸），用 PVC 胶带作为电缆冷缩绝缘管的末端定位标记，如图 7-9 所示。

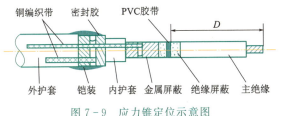

图 7-9 应力锥定位示意图

（3）将冷缩绝缘管套入电缆，衬管条伸出的一端先套入电缆。抽掉冷缩绝缘管内部的衬管条，要求冷缩绝缘管上端与 PVC 胶带标记齐平，另一端与电缆外护套自然搭接，如图 7-10 所示。

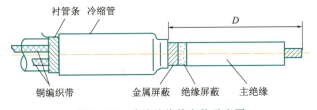

图 7-10 冷缩绝缘管安装示意图

（4）使用清洁巾按照先绝缘层后绝缘屏蔽层的顺序对电缆绝缘层和绝缘屏蔽斜坡进行仔细清洁，然后使用热风枪烘干残留水分。

（5）使用干净的塑料手套在电缆绝缘表面及绝缘屏蔽层斜坡处均匀涂抹硅油，不得直接使用未经清洁的双手或不干净的塑料手套涂抹硅油。

（6）套入应力锥前，应在导体表面绕包几层 PVC 胶带，以防刮伤终端主体。

（7）按照厂家工艺图纸尺寸作应力锥的定位台阶。

（8）将应力锥套入电缆，使得应力锥下端与定位台阶齐平，如图 7-11 所示。

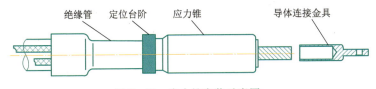

图 7-11 应力锥安装示意图

（9）去除导体上面的 PVC 胶带。

（10）使用砂带将导体线芯表面打磨，将导体连接金具套入线芯，压接连接金具。压接后适当保护电缆主绝缘表面，使用锉刀或砂带打磨压接过程产生的尖角、毛刺。

注意：压接时使端子板部平面与插拔头压入方向保持基本垂直。

3. 可分离连接器部件安装

（1）按照厂家工艺描述清洁绝缘套管、T 形接头，使用清洁巾按照先绝缘套管后 T 形接头主体的顺序对可分离连接器的绝缘套表面和 T 形接头主体的内表面进行仔细清洁，然后使用热风枪烘干残留水分。

（2）使用干净的塑料手套在电缆应力锥绝缘表面、绝缘套管表面及可分离连接器 T 形接头处均匀涂抹硅油，不得直接使用未经清洁的双手或不干净的塑料手套涂抹硅油。

（3）将电缆应力锥部件用力插入到 T 形接头主体内，同时将 T 形接头主体插入到绝缘套管内并用螺杆锁紧。

（4）按照厂家工艺描述清洁塞止头部件，然后使用热风枪烘干残留水分。在塞止头部件上均匀涂抹硅油，并将塞止头部件用力旋入 T 形接头中并拧紧，最后盖上端盖。

（5）根据设计需要将可分离连接器有效接地，如图 7-12 所示。

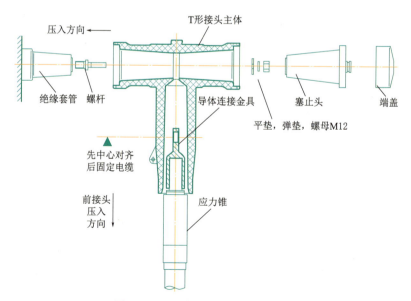

图 7-12　可分离连接器安装示意图

第八章
中压电缆接头部件安装

第一节 导体连接管连接

一、知识点

接头：电缆接头是安装在电缆与电缆之间，使两段及以上电缆导体连通，并具有一定绝缘、密封性能的装置。电缆接头除连通导体外，还具有其他功能。

二、技能点

1. 读图技能

正确读图，明确尺寸。导体连接前示意图如图8-1所示。

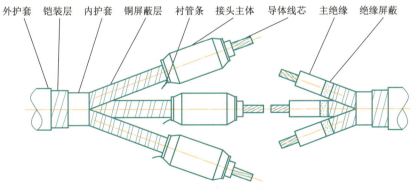

外护套　铠装层　内护套　铜屏蔽层　衬管条　接头主体　导体线芯　主绝缘　绝缘屏蔽

图8-1　导体连接前示意图

2. 恢复导体安装流程及工艺要求

（1）压接前准备，包括：

1）必须检查连接管与电缆线芯标称截面是否相符，压接模具与连接管规范尺寸应配套。

2）用清洁纸将连接管内、外和导体表面清洗干净。如连接管套入导体较松动，应用导体单丝填实后进行压接。

（2）压接连接管，两端线芯应顶牢，不得松动。

（3）压接后处理。连接管表面尖端、毛刺用锉刀和砂纸打磨平整光洁，必须用清洁纸将绝缘层表面和连接管表面清洗干净。应特别注意不能在中间接头端头位置留有金属粉屑或其他导电物体。

第二节　冷缩接头部件安装

一、知识点

中压电缆冷缩接头附件：应用乙丙橡胶、三元乙丙橡胶或硅橡胶加工成型，经扩张后用螺旋形尼龙条支撑，安装时按照逆时针方向抽去支撑尼龙条，绝缘管靠橡胶收缩特性紧缩在电缆线芯上的附件。

二、技能点

1. 读图及标记技能

正确读图，并在相应位置做出定位标记，如图 8-2 所示。

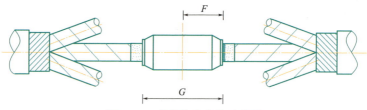

图 8-2　冷缩接头定位示意图

2. 安装流程及工艺要求

冷缩接头安装示意图如图 8-3 所示。

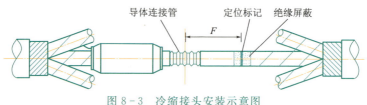

图 8-3　冷缩接头安装示意图

（1）在剥切绝缘层后，套中间接头管。

1）中间接头管应套在电缆铜屏蔽保留较长一端的线芯上，套入前必须将绝缘层、外半导电层、铜屏蔽层用清洁纸依次清洁干净，套入时应注意塑料衬管条伸出一端先套入电缆线芯。

2）将中间接头管和电缆绝缘用塑料布临时保护好，以防碰伤和灰尘杂物落入，保持环境清洁。

（2）恢复导体连接。

（3）恢复绝缘及屏蔽层。

1）在中间接头管安装区域表面均匀涂抹一薄层硅脂，并经认真检查后，将中间接头管移至中心部位，其一端必须与记号齐平。

2）抽出衬管条时，应沿逆时针方向进行，其速度必须缓慢均匀，使中间接头管自然收缩，定位后用双手从接头中部向两端圆周捏一捏，使中间接头内壁结构与电缆绝缘，外半导电屏蔽层有更好的界面接触。

（4）连接两端铜屏蔽层。

铜网带应以半搭盖方式绕包平整紧密，铜网两端与电缆铜屏蔽层搭接，用恒力弹簧固定时，夹入铜编织带并反折入恒力弹簧之中，用力收紧，并用 PVC 胶带缠紧固定。

（5）恢复内护套。

1）电缆三相接头之间间隙，必须用填充料填充饱满，再用 PVC 胶带或白布带将电缆三相并拢扎紧，以增强接头整体结构的严密性和机械强度。

2）绕包防水带绕包时将胶带拉伸至原来宽度的 3/4，完成后双手用力挤压所包胶带，使其紧密贴附。防水带应覆盖接头两端的电缆内护套足够长度。

（6）恢复外护套。

1）绕包防水带绕包时将胶带拉伸至原来宽度的 3/4，完成后双手用力挤压所包胶带，使其紧密贴附。防水带应覆盖接头两端的电缆外护套各 50mm。

2）在外护套防水带上绕包两层铠装带。绕包铠装带以半重叠方式绕包，必须紧固，并覆盖接头两端的电缆外护套各 70mm。

3）30min 以后，方可进行电缆接头搬移工作，以免损坏外护层结构。

第三节　热缩接头部件安装

一、知识点

中压电缆热缩接头附件：应用高分子聚合物的基料加工成绝缘管、应力管、分支套和伞裙等部件，在现场经装配、加热，紧缩在电缆绝缘线芯上的附件。

二、技能点

1. 读图及标记技能

正确读图，并在相应位置做出定位标记，如图 8-4 所示。

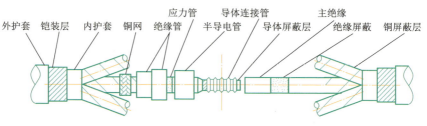

图 8-4　热缩接头安装示意图

2. 安装流程及工艺要求

（1）绕包应力控制胶，热缩半导电应力控制管（在电缆预处理中绝缘屏蔽层处理完成后进行）。

1）绕包应力控制胶时必须拉薄拉窄，把外半导电层和绝缘层的交接处填实填平，圆周搭接应均匀，端口应整齐。

2）热缩应力控制管时，应用微弱火焰均匀环绕加热，使其收缩，收缩后在应力控制管与绝缘层交接处应绕包应力控制胶，绕包方法同上。

（2）进行绝缘处理，保留内半导电层。

（3）依次套入管材和铜屏蔽网套。

1）套入管材前，电缆表面必须清洁干净。

2）按附件安装说明，依次套入管材，顺序不能颠倒，所有管材端口必须用塑料布加以包扎，以防水分、灰尘、杂物侵入管内玷污密封胶层。

（4）恢复导体及导体屏蔽层。

1）半导电带必须拉伸后绕包和填平压接管的压坑以及连接与导体内半导电屏蔽层之间的间隙，然后在连接管上半搭盖绕包两层半导电带，两端与内半导电屏蔽层必须紧密搭接。

2）在两端绝缘末端"铅笔头"处与连接管端部用绝缘自粘带拉伸后绕包填平，在半搭盖绕包与两端"铅笔头"之间，绝缘带绕包必须紧密、平整，其绕包厚度略大于电缆绝缘直径。

（5）恢复绝缘及绝缘屏蔽层：热缩内、外绝缘管和屏蔽管。

1）电缆线芯绝缘和外半导电屏蔽层应清洗干净，清洁时应由线芯绝缘端部向半导电应力控制管方向进行，不可颠倒。清洁纸不得往返使用。

2）将内绝缘管、外绝缘管、屏蔽管先后从长端线芯绝缘上移至连接管上，中部对正，加热时应从中部向两端均匀、缓慢环绕进行，把管内气体全部排除，保证完好收缩，以防局部温度过高，绝缘碳化，使管材损坏。

3）铜屏蔽网套两端分别与电缆铜屏蔽层搭接时，必须用铜扎线扎紧并焊牢。

4）铜编织带两端与电缆铜屏蔽层连接时，铜扎线应尽量扎在铜编织带端头的边缘，避免焊接时温度偏高，焊接渗透使端头铜丝胀开，致焊面不够紧密覆贴，影响外观质量。

5）用恒力弹簧固定时，必须将铜编织带端头延宽度略加展开，夹入恒力弹簧收紧并用PVC胶带缠绕固定，以增加接触面，确保接点稳固。

（6）恢复护层。

1）将三相接头用白布带扎紧，以增加整体结构的紧密性，同时有利于内护套恢复。

2）热缩内护套前先将两侧电缆内护套端部打毛，并包一层红色密封胶带。由两端向中间均匀、缓慢、环绕加热，使内护套均匀收缩。接头内护套管与电缆内护套搭接部位必须密封可靠。

3）铜编织带应焊在两层钢带上。焊接时，铠装焊区应用锉刀和砂纸砂光打毛，并先镀上一层锡，将铜编织带两端分别放在铠装镀锡层上，用铜绑线扎紧并焊牢。

4）用恒力弹簧固定铜编织带时，将铜编织带端头略加展开，夹入并反折在恒力弹簧之中，用力收紧，并用PVC胶带缠紧固定，以增加铜编织带与铠装的接触面和稳固性。

5）接头部位及两端电缆必须调整平直，金属套两端套头端齿部分与两端铠装绑扎应牢固。

6）外护套管定位前，必须将接头两端电缆外护套端口150mm内清洁干净，并用砂纸打毛，外护套定位后，应均匀环绕加热，使其收缩到位。

第四节　预制接头部件安装

一、知识点

中压电缆预制式附件：应用乙丙橡胶、三元乙丙橡胶或硅橡胶材料，在工厂经过挤塑、模塑或铸造成型后，再经过硫化工艺制成的预制件，在现场进行装配的附件。

二、技能点

1. 读图及标记技能

正确读图，并在相应位置做出定位标记。

2. 安装流程及工艺要求

（1）在剥线芯绝缘后，推入硅橡胶预制体到电缆长端。

1）绝缘端部倒角后，应用砂纸打磨圆滑。线芯导体端部的锐边应锉去，清洁干净后用 PVC 胶带包好，以防尖端锐边刺伤硅橡胶预制体。

2）在推入硅橡胶预制体前，必须用清洁纸将长端绝缘及屏蔽层表面清洗干净。清洁时，应由绝缘端部向外半导电屏蔽层方向进行，不可颠倒，清洁纸不得往返使用。

（2）恢复导体，预制体复位。

1）连接管连接，技能要求见本章第一节。按厂家给定尺寸做好定位标记。

2）硅橡胶预制体拉回过程中，受力应均匀。预制体定位后，必须用手从其中部向两端用力捏一捏，以消除推拉时产生的内应力，防止预制体变形和扭曲，同时，使之与绝缘表面紧密接触。

（3）恢复半导电层和铜屏蔽层。预制接头定位示意图如图 8-5 所示。

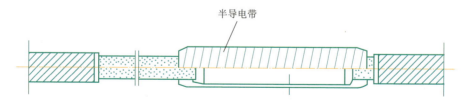

图 8-5　预制接头定位示意图

1）绕包半导电带时，要求半导电带必须拉伸 200%，以增强绕包的紧密度。

2）铜丝网套两端用恒力弹簧固定在铜屏蔽层上。恒力弹簧应用力收紧，并用 PVC 胶带缠紧固定，以防连接部分松弛导致接触不良。

3）在铜网套外再覆盖一条 25mm² 铜编织带，两端与铜屏蔽层用铜绑线扎紧焊牢或用恒力弹簧卡紧。

（4）恢复外护套。

1）热缩外护套前先将两侧电缆外护套端部 150mm 清洁打毛，并包一层红色密封胶带。由两端向中间均匀、缓慢、环绕加热，使外护套均匀收缩。接头外护套管之间以及与电缆外护套搭接部位，必须密封可靠。

2）冷却 30min 以后，方可进行电缆接头搬移工作，以免会损坏外护层结构。

第九章
高压（超高压）电缆预处理

第一节　高压（超高压）电缆切断

一、知识点

电缆结构。交联聚乙烯绝缘电缆经过多年的发展，已基本取代油纸电缆和大部分的充油电缆，是国内应用最为广泛的电缆种类。高压交联聚乙烯绝缘电缆（以下简称高压电缆）结构主要由绝缘导体（导体、导体屏蔽、主绝缘、绝缘屏蔽）、缓冲层（缓冲层）和保护层（金属套、非金属套）组成。

二、技能点

1. 工具选择

（1）主要工具：环形电锯（或往返直锯）、钢卷尺。

（2）主材辅料：30～50mm宽砂带、记号笔。

2. 电缆初始切断

（1）根据产品工艺图纸所列尺寸，标记电缆初始切断处。

（2）切断并移除多余电缆。

3. 电缆最终切断

（1）根据产品工艺图纸所列尺寸，标记电缆最终切断处。

（2）切断并移除多余电缆，要求电缆最终切断口圆整、平直，没有明显倾斜现象，尺寸准确。

第二节　高压（超高压）电缆外护套剥切

一、知识点

外护套材质一般为聚乙烯（PE）或聚氯乙烯（PVC），防止金属套在敷设过程中受到损伤、在运行过程中被腐蚀，同时在金属套和外界之间起绝缘作用。针对各种使用环境和使用要求，外护套一般添加有相应特殊作用的结构层，如防火、防腐蚀、防白蚁等。电缆附件安装前，一般对外护套进行绝缘电阻测试和耐压试验，电缆外护套绝缘电阻应不低于 $0.5M\Omega/km$，正常情况单段新电缆外护套绝缘电阻不低于 $50M\Omega$，能承受 $10kV$ 耐压 $1min$。

二、技能点

1. 工具选择

（1）主要工具：手锯（或月牙刀）、大号美工刀（25mm 刀片）、外护套掀起专用工具、一字螺丝起子、钢卷尺、液化气喷枪（带气瓶）。

（2）主材辅料：记号笔、玻璃片、30～50mm 宽砂带。

2. 外护套剥切

（1）标记外护套断口。根据产品工艺图纸所标尺寸，测量并标记外护套断口位置。

（2）剥切外护套。在外护套断口标记处切割（不直接割断）外护套，然后使用外护套掀起专用工具将外护套切断后移除。外护套剥切时，锯开深度宜控制在 2/3 左右，不宜伤及且不应锯穿金属套。

3. 石墨层清除

（1）标记石墨层清除范围。根据产品工艺图纸所示尺寸，测量并标记石墨层清理范围。如产品说明未明确指出，石墨层清除长度一般不宜少于 300mm。

（2）清除石墨层。

1）喷涂式石墨层：使用玻璃片刮除标记范围内（外护层表面）的石墨层。

2）石墨层必须整圆周刮除干净无残留，石墨层刮除后（万能表检测）外护套绝缘电阻值应为无穷大。

第三节　高压（超高压）电缆金属套剥切

一、知识点

由于高压电缆金属套通常为铝合金材料，因此一般称为铝护套，包括皱纹结构和平滑结构，对电缆起到物理保护和防潮气的作用，以保证绝缘性能不降低。作为电缆的接地电极，在正常情况下可供电容电流流过，短路时作为短路电流的通道。

二、技能点

1. 工具选择

（1）主要工具：手锯（或月牙刀）、锉刀、金属套胀口专用工具、钢卷尺。

（2）辅助工具：手扳葫芦、金属套纵向剖开专用工具。

（3）主材辅料：30～50mm 宽砂带、记号笔、防水带。

2. 金属套剥切

（1）标记金属套断口。根据产品工艺图纸所示尺寸，测量并标记金属套断口位置。

（2）剥切金属套。

1）在金属套断口标记处切割（不直接割断）金属套，然后借用长臂支撑点将金属套掰断后移除。金属套剥切时，锯开深度宜控制在 2/3 左右，不应锯穿金属套伤及电缆绝缘屏蔽层。

2）如遇到缓冲层与金属套间隙过小、阻力过大无法移除金属套时，可使用手扳葫芦助力拉出，但不应损伤电缆绝缘屏蔽层或绝缘层。当电缆金属套变形时宜使用金属套纵向剖开专用工具将金属套剖开后移除。

（3）胀口处理。使用专用工具对金属套做必要的胀口处理，然后使用锉刀打磨金属套断口，消除金属毛刺，避免断口压在绝缘屏蔽层上。打磨后应清理断口附近缓冲层上的金属粉末。

第四节　高压（超高压）电缆加热校直处理

一、知识点

电缆加热校直是一种在电缆附件施工时，将电缆端部一定区域绕包加热带并按照规定的时间和温度加热后，固定在一平直的物体上自然冷却至环境温度，使电缆端部成为直线的工艺。目的在于消除电缆生产和敷设过程中产生的机械应力，保证电缆和附件界面配合，也可减少电缆投运后因绝缘受热而导致的回缩。

二、技能点

（一）工具选择

主要工具包括：

（1）圆钢（铝合金开边管）加热校直法：加热装置、铝合金开边管、尖尾棘轮扳手、铁线、耐高温橡皮带或电缆阻水带。

（2）角钢加热校直法：加热装置、角钢、校直带、锡纸。

（3）辅助工具：迪尼玛绳、保温布、0.25t手扳葫芦、硬质塑料管。

（4）主材辅料：保鲜膜、防潮吸湿剂、塑料薄膜套。

（二）电缆加热校直

高压（超高压）电缆加热校直方法常见有圆钢（铝合金开边管）加热校直法和角钢加热校直法两种，其工艺流程和方法略有差异。

1. 圆钢（铝合金开边管）加热校直法

圆钢（铝合金开边管）加热校直法，如图9-1所示。

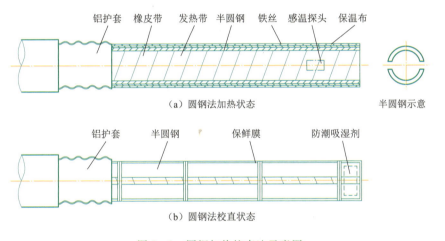

（a）圆钢法加热状态　　　半圆钢示意

（b）圆钢法校直状态

图9-1　圆钢加热校直法示意图

（1）准备工作包括以下方面：

1）将加热装置的感温探头放置在电缆最终切断处附近的电缆表面，尽量靠近电缆绝缘屏蔽层，绕包PVC胶带固定感温线及探头。

2）在电缆缓冲层表面继续缠绕填充耐高温橡皮带或缓冲层至外径比铝合金开边管的内径略大。

3）沿着电缆主要弯曲方向，上下错开20～30cm，将铝合金开边管对侧压紧、夹直电缆，然后使用铁丝绑扎固定。

4）将发热带均匀绕包在铝合金开边管表面，并绕包高温带固定。

（2）加热保温工作包括以下方面：

1）完成加热装置端感温线和发热带的接线，开机测试加热装置的发热和温控功能是否正常。一般情况下，加热校直装置由独立通道控制模块、感温探头和发热带组成，严禁不同通道的感温探头与发热带交叉混用。注意：控制加热温度和发热与测温的一致性，避免温度过高损伤绝缘屏蔽层或绝缘层。

2）应根据电缆的电压等级、电缆截面和环境设定加热校直的温度与时间，安排专人监护，检查并处理加热过程的异常情况。加热校直时间从达到加热控制温度且温度稳定 5min 后开始计算。如附件厂家安装说明没有明确规定，电缆加热校直控制温度和时间可参照以下要求：①110kV：温度应控制在 75～80℃，加热保温宜保持 3h 以上；②220kV：温度应控制在 75～80℃，加热保温宜保持 4h 以上；③330～500kV：温度应控制在 75～80℃，加热保温宜保持 6h 以上。

3）加热保温时间满足后，停止加热，拆除加热装置、保温布和发热带。

2. 角钢加热校直法

角钢加热校直法，如图 9-2 所示。

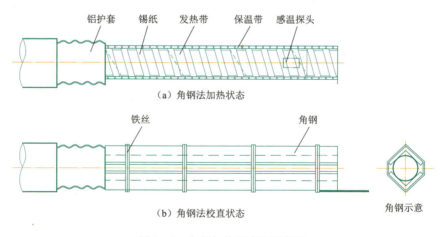

（a）角钢法加热状态

（b）角钢法校直状态

角钢示意

图 9-2　角钢加热校直法示意图

（1）准备工作包括以下方面：

1）将加热装置的感温探头放置在电缆最终切断处附近的电缆表面，尽量靠近电缆绝缘屏蔽层，绕包 PVC 胶带固定感温线及探头。

2）在缓冲层表面以半重叠方式均匀缠绕不少于两层锡纸，以确保电缆受热均匀。

3）将发热带均匀绕包在锡纸表面，并绕包高温带固定。

（2）加热保温工作包括以下方面：

1）完成加热装置端感温线和发热带的接线，开机测试加热装置的发热和温控功能是否正常。一般情况下，加热校直装置由独立通道控制模块、感温探头和发热带组成，严禁不同通道的感温探头与发热带交叉混用。注意：控制加热温度和发热与测温的一致性，避免温度过高损伤绝缘屏蔽层或绝缘层。

2）应根据电缆的电压等级、电缆截面和环境设定加热校直的温度与时间，安排专人监护，检查并处理加热过程的异常情况。加热校直时间从达到加热控制温度且温度稳定 5min 后开始计算。如附件厂家安装说明没有明确规定，电缆加热校直控制温度和时间可参照以下要求：①110kV：温度应控制在 75～80℃，加热保温宜保持 3h 以上；②220kV：温度应控制在 75～80℃，加热保温宜保持 4h 以上；③330～500kV：温度应控制在 75～80℃，加热保温宜保持 6h 以上。

3）加热保温时间满足后停止加热，拆除保温布和发热带。使用校直带（或铁丝）将电缆加热带拉直固定在角钢上。

（三）冷却及效果检查

1. 冷却校直

（1）在导体处放置防潮吸湿剂，然后绕包保鲜膜将电缆和半圆钢（角铁）一起密封，隔绝潮气。

（2）冷却过程，在电缆最终切断处附近绑扎拉绳，拉绳方向和力度以抵消电缆重量和避免电缆弯曲变形即可。

（3）加热结束后，电缆应保证有不少于 8h 的自然冷却时间，严禁采取空调直吹或淋水等方式加速冷却。

2. 校直效果检查

（1）冷却结束后，按照具体产品工艺要求检查电缆弯曲度，如没有具体要求，一般按照 600mm 长电缆最大弯曲值不大于 2mm；否则采取有效措施消除电缆弯曲后再进行电缆预处理，如图 9-3 所示。

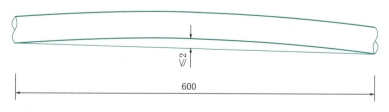

图 9-3　高压（超高压）电缆弯曲度检查示意图（单位：mm）

（2）如加热校直后，电缆绝缘屏蔽表面存在灼烧痕迹或局部变形的情况，建议对绝缘层进行检查并采取有效措施进行修复；否则不应继续进行安装。

第五节　高压（超高压）电缆主绝缘剥切

一、知识点

主绝缘（交联聚乙烯）：由线性结构的聚乙烯经过交联反应，转变成立体网状结构的交联聚乙烯，从而改善电气性能、耐热性能和力学性能。主绝缘将导体和大地以及不同导体之间在电气上彼此隔离，保证电缆线路输送电能时不发生对地或相间击穿故障。

二、技能点

1. 工具选择

（1）主要工具：绝缘刨刀、钢直尺、大号美工刀（25mm 刀片）。

（2）辅助工具：清扫工具（吸尘器、扫帚等）。

（3）主材辅料：玻璃片。

2. 主绝缘剥切

（1）标记主绝缘断口。根据产品工艺图纸所标尺寸，测量并标记主绝缘断口位置。

（2）剥切主绝缘。

1）在电缆末端安装电缆绝缘剥削刀，调整刀具平衡，确保刀具旋转时没有松动、受力均匀。

2）调整刀片的剥切深度，刀片不应触碰导体，刀片深度宜控制在刀片刚刚触碰导体屏蔽层为佳。

3）中等发力，匀速转动电缆绝缘剥削刀，从电缆末端开始直到距离主绝缘断口处收刀，收刀时注意处理断口切面，避免有明显台阶。转动刀具时注意控制刀片的纵向进深，进深应尽量均匀，且宜薄不宜厚。

（3）剥切导体屏蔽层。使用美工刀将露出的导体屏蔽层切断并移除，导体屏蔽断口应断裂干净，不应有明显的毛絮残留。另外，剥切过程注意控制下刀用力，剥切后不应伤及导体。

（4）打磨氧化层。打磨电缆导体，去除氧化层。

第六节　高压（超高压）电缆铅笔头处理

一、知识点

由于瓷套（复合）终端套管内部填充有绝缘油，为避免热胀冷缩导致绝缘油进入电缆导体内部，需要对导体压接与主绝缘末端等相邻部位绕包带材加强密封。为便于施工和提高绕包密封效果，故将瓷套（复合）终端电缆主绝缘末端处理成铅笔头状。

二、技能点

1. 工具选择

（1）主要工具：绝缘剥削刀、钢直尺（或角尺）、大型美工刀（25mm 刀片）。

（2）主材辅料：玻璃片、砂带。

2. 铅笔头处理

（1）标记铅笔头尺寸。根据产品工艺图纸所标尺寸，测量并标记铅笔头尺寸范围。

（2）将电缆主绝缘末端处理成铅笔头，具体步骤如下：

1）在电缆末端安装电缆绝缘剥削刀，调整刀具平衡，确保刀具旋转时没有松动、受力均匀。

2）根据铅笔头的长度决定电缆绝缘剥削刀每圈转动时刀片的纵向进深和垂直进深。尽量保持垂直方向刀片调整的距离一致，避免铅笔头处理出现内凹或外凸现象，确保斜面呈直线状。

3）使用玻璃片或电动打磨机处理明显的绝缘台阶，直至斜坡过渡平直的程度。

第七节　高压（超高压）电缆绝缘屏蔽处理

一、知识点

覆盖在导体表面和主绝缘表面的半导电物质分别称为导体屏蔽和绝缘屏蔽，用于改善绝缘表面电场分布。在110kV 及以上的高压电缆生产过程中导体屏蔽、主绝缘和绝缘屏蔽一起挤出成型，称为"三层共挤"，三层材料紧密结合，为不可剥离结构。

二、技能点

1. 工具选择

（1）主要工具：电缆绝缘剥削刀、钢卷尺、钢直尺、玻璃刀、加热校直机、热风枪、强光电筒。

（2）辅助工具：清扫工具（吸尘器、扫帚等）。

（3）主材辅料：玻璃片、PVC胶带、30～50mm宽砂带、记号笔。

2. 绝缘屏蔽剥削

（1）标记绝缘屏蔽断口。根据产品工艺图纸所标尺寸，测量并标记绝缘屏蔽断口位置和标记绝缘屏蔽斜坡长度。

（2）剥切绝缘屏蔽层，具体步骤如下：

1）在电缆末端安装电缆绝缘剥削刀，调整刀具平衡，确保刀具旋转顺滑，没有松动或卡阻感觉。

2）调整刀片的剥削深度，刀片深度宜控制在刀片经过后留有少量绝缘屏蔽层为佳。调整刀片的距离不应超过主绝缘剥切长度。刀片深度调整结束后直到开始距离收刀之间位置，一般情况不调整刀片深度，以免造成处理后的电缆呈现竹节状。

3）中等发力，匀速转动电缆绝缘剥削刀，从电缆末端开始直到距离绝缘屏蔽断口约5cm左右开始调整（减少）刀片深度（俗称收刀）。每圈调整的刀片深度和推进长度尽可能小，使过渡台阶尽可能平滑，以便降低绝缘屏蔽断口处理的难度。

3. 绝缘屏蔽断口处理

（1）使用玻璃片手工处理削平电缆绝缘剥削刀处理后形成的绝缘屏蔽台阶，使玻璃片划过时没有卡阻现象。

（2）使用玻璃片处理剥削剩余的绝缘屏蔽层直至绝缘屏蔽断口标记处，绝缘屏蔽断口处理应保持绝缘层与绝缘屏蔽层的过渡平滑，特别严禁残留凸入绝缘层的绝缘屏蔽尖刺。严禁为确保绝缘屏蔽断口尺寸的准确、反复剥削绝缘断口，使绝缘断口处有局部凹坑。

（3）绝缘屏蔽断口处理工艺作为电缆预处理中最为关键的工艺，绝缘屏蔽断口处理除要求过渡平滑、光洁外，严禁出现缺口、尖刺、断口线严重倾斜、凹坑、台阶和较深的玻璃痕迹等缺陷，如图9-4所示。

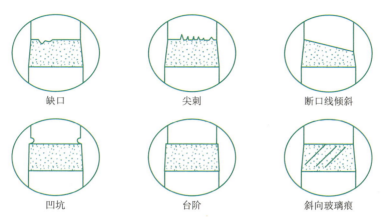

图 9-4 绝缘屏蔽断口处理不合格示意图

第八节 高压（超高压）电缆打磨处理

一、知识点

粗糙度是指加工面具有较小间距和微小峰谷的不平度，粗糙度越小，则表面越光滑。电缆绝缘和半导电斜坡的粗糙度是电缆处理最重要的质量控制指标之一，电压等级越高，粗糙度要求越小，表面越光滑。粗糙度标注符号为 Ra，单位为 μm。

二、技能点

1. 工具选择

（1）主要工具：打磨机、强光电筒、热风枪。

（2）辅助工具：清扫工具（吸尘器、扫帚等）。

（3）主材辅料：环形砂带、手打砂带、玻璃片、防尘口罩、专用清洁巾、丝绸带。

2. 电缆打磨

（1）打磨绝缘屏蔽断口，具体步骤如下：

1）根据电缆电压等级从低到高依次采用 240 目、320 目、400 目、600 目、800 目、1000 目的手打砂带精细打磨绝缘屏蔽断口、绝缘屏蔽斜坡以及精细打磨段电缆绝缘，消除主绝缘屏蔽剥切过程产生的玻璃刮痕和残留的半导电颗粒，使绝缘屏蔽断口及前后过渡段平滑。

2）打磨的遍数和时间根据其效果来决定，使用高一级标号砂带打磨时应将低一级标号砂带打磨的痕迹消除。一般情况下 110kV 电缆至少使用 600 目以上的砂带进行最终打磨抛光，220kV 至少使用 800 目以上的砂带进行最终打磨抛光，500kV 至少使用 1000 目以上的砂带进行最终打磨抛光。不得使用打磨过导体或半导电层的砂带打磨主绝缘层，不得将金属颗粒或半导电颗粒带入主绝缘层。如果半导电颗粒被带入主绝缘层，则应从低到高依次采用全新干净砂带进行处理，确保主绝缘层的半导电颗粒完全清洁干净。

（2）打磨整体绝缘。根据电缆电压等级使用打磨机从低到高依次采用 240 目、320 目、400 目、600 目（环形砂带）对电缆主绝缘和铅笔头等非精细打磨段电缆绝缘进行打磨处理，打磨过程应不断沿轴向和圆周方向移动，所有的方向与位置均打磨充分，但严禁长时间打磨同一位置，避免电缆出现局部扁平或凹陷现象。如果电缆表面存在竹节等缺陷情况，则应先采用玻璃薄片刮削或其他方式处理后再打磨抛光。打磨方法如图 9-5 所示。

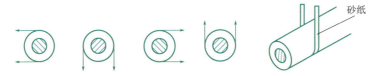

图 9-5　电缆打磨方法示意图

（3）检查打磨效果。使用强光电筒倾斜照射电缆表面，通过目测检查电缆绝缘打磨效果。经打磨处理后的绝缘屏蔽断口过渡段应过渡平滑，没有台阶或凹坑，没有半导电尖端、毛刺或缺口等缺陷。绝缘屏蔽断口应圆整平直，避免断口局部变化过大或发生明显倾斜现象，其最高点或最低点的尺寸差值宜控制在 2mm 内，具体限值可参照各厂家工艺图纸要求。

（4）测量绝缘外径，具体步骤如下：

1）根据不同电缆的电压等级分别按照图 9-6 或图 9-7 所示的高压（超高压）电缆绝缘测量示意图所示的方法和位置进行电缆主绝缘外径测量。

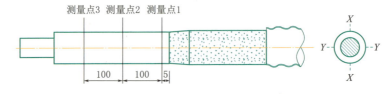

图 9-6　高压（超高压）（110～220kV）电缆绝缘测量示意图（单位：mm）

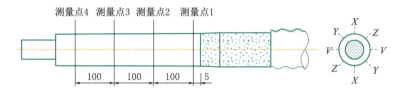

图 9-7　高压（超高压）（330kV 及以上）电缆绝缘测量示意图（单位：mm）

110～220kV 电缆，采取正十字交叉测量 X/Y 轴绝缘外径，一般取点不少于 3 个，从绝缘屏蔽断口对开 5mm‑100mm‑100mm。

330kV 及以上电缆，采用"米"字形测量 X、Y、V、Z 四轴绝缘外径，一般取点不少于 4 个，取点位置为 5mm‑100mm‑100mm‑100mm。

2）经打磨处理后的电缆应呈正圆柱形，同一测量位置的 X、Y 或 X、Y、V、Z 绝缘外径的差值不得超过 0.5mm；相邻测量点的最大和最小外径差值不得超过 0.5mm；否则应返工处理。

（5）抛光处理的具体步骤如下：

1）对绝缘屏蔽断口及绝缘屏蔽斜坡等过渡段进行手工抛光处理。避免因使用打磨机操作不当破坏绝缘屏蔽断口。

2）将打磨机（600 目或 800 目砂带）调至低速刚好转动的状态，适当用力压向绝缘层进行抛光处理，最后使用热风枪对电缆整体进行热处理，消除极细微的毛刺，提升抛光效果。

3）清洁过程应严格按照从绝缘层往绝缘屏蔽层方向单向进行清洁。严禁使用触碰（或清洁）过半导电或金属物质的清洁巾清洁主绝缘层，然后使用热风枪进行烘干。

4）绕包 1～2 层保鲜膜，将电缆金属套及以上部位整体包裹密封。

第九节　高压（超高压）电缆硫化处理

一、知识点

电缆硫化处理是为了保证绝缘屏蔽断口齐整和平滑过渡，有效控制绝缘屏蔽厚度，保证应力锥与电缆界面配合。将电缆绝缘屏蔽去除至应力锥覆盖区域外，在电缆绝缘和绝缘屏蔽之间缠绕半导电带，采用定时恒温加热使半导电带与电缆黏结为一体的工艺称为硫化。

二、技能点

1. 工具选择

（1）主要工具：钢卷尺、钢直尺、剪刀、加热校直机、热风枪、强光电筒。

（2）主材辅料：硫化材料套装（R-CPE带、特氟龙带、聚酯带、铝箔和硅胶热缩套）、PVC胶带、30～50mm宽砂带、记号笔。

2. 硫化处理

（1）标记硫化后的绝缘屏蔽断口。根据产品工艺图纸所标尺寸，测量并标记硫化后的绝缘屏蔽断口位置。

（2）硫化处理包括以下步骤：

1）使用专用清洁巾，从绝缘层往绝缘屏蔽层方向单向对硫化段及相邻电缆进行清洁，然后使用热风枪烘干。

2）按照产品工艺图纸所示的硫化范围进行R-CPE带绕包，然后从中间向两侧收缩硅胶热缩管（两端保留一部分不收缩），按照产品硫化工艺要求绕包特氟龙带、聚酯带、铝箔。在硫化中心部位放置热电偶后纵向绕包加热带，并用黏性聚酯带固定后缠绕保温布。硫化处理绕包相关带材时不宜拉伸，不得有皱褶或鼓包，并确保新绝缘屏蔽断口平直。

3）完成接线，打开加热校直机器，检查机器发热是否正常、温控是否准确。将硫化温度分次逐渐调整至规定温度，温度稳定后保持温度直至满足规定的时间，加热结束后自然冷却至50℃拆除带材和热缩管。具体的硫化温度和时间需依照产品安装工艺说明。

（3）硫化质量检查。使用强光电筒检查半导电硫化层的硫化工艺质量，如发现气泡、皱褶等成型有异常的情况，则需要刮除本次的半导电硫化层，返工再次硫化。

（4）断口打磨处理。硫化成型，待电缆冷却至常温后检查断口硫化效果，对硫化后的新断口及相邻电缆表面应使用600目砂带打磨至平滑。

第十章
高压（超高压）电缆接头安装

第一节　高压（超高压）电缆接头预处理

一、知识点

电缆接头驳接中点相当于电缆接头的电缆本体处理的基准点，电缆外护套、电缆金属套绝缘屏蔽、电缆主绝缘等电缆处理尺寸测量起点必须直接从基准点起量，不应随意以其他部位作为测量起点。

二、技能点

1. 读图

认识并读懂图 10-1 和图 10-2 所示代号代表的电缆预处理尺寸及相应位置。

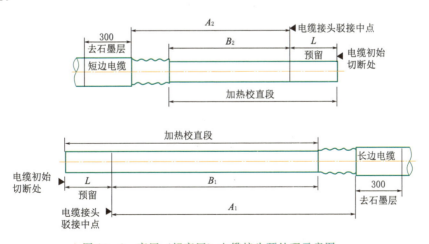

图 10-1　高压（超高压）电缆接头预处理示意图一

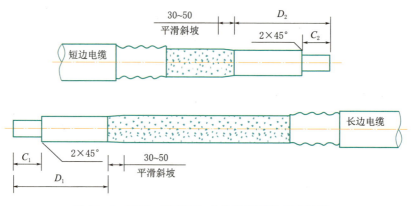

图 10-2 高压（超高压）电缆接头预处理示意图二

2. 电缆初始切断

（1）标记接头驳接中点。将两侧电缆调直放平，清洁电缆外护套表面，根据现场条件确定电缆接头驳接中点。

（2）标记电缆初始切断位置。按照图 10-1 所示的高压（超高压）电缆接头预处理示意图一，从电缆驳接中点分别向长边、短边电缆断口量取 300～500mm，做电缆初始切断处标记。

（3）切断电缆。在电缆初始切断标记处将电缆切断并移除多余电缆。

3. 电缆外护套剥切

（1）标记外护套断口位置。根据图 10-1 所示的高压（超高压）电缆接头预处理示意图一，分别标记外护套断口位置。具体尺寸详见产品工艺图纸。

1）从驳接中点向长边电缆量取长度 A_1，做长边电缆外护套断口标记。

2）从驳接中点向短边电缆量取长度 A_2，做短边电缆外护套断口标记。

（2）剥切外护套。在长边、短边电缆外护套断口标记处切割并移除多余的外护套。

（3）刮除石墨层。分别刮除长边、短边电缆不少于 300mm 的石墨层。

4. 电缆底铅处理

参照第十三章"高压（超高压）电缆金属保护壳/尾管封铅"进行电缆金属套清洁及底铅处理。

5. 电缆金属套剥切

（1）标记金属套断口位置。根据图 10-1 所示的高压（超高压）电缆接头预处理示意图一，分别标记金属套断口位置。具体尺寸详见产品工艺图纸。

1）从驳接中点向长边电缆量取 B_1，做长边电缆金属套断口标记。

2）从驳接中点向短边电缆量取 B_2，做短边电缆金属套断口标记。

（2）剥切金属套。在长边、短边电缆金属套断口标记处切割并移除多余的金属套。

6. 电缆加热校直

参照第九章"高压（超高压）电缆预处理"第四节"高压（超高压）电缆加热校直处理"进行电缆加热校直处理。

7. 电缆最终切断

（1）标记电缆最终切断位置。根据图 10-1 所示的高压（超高压）电缆接头预处理示意图一，标记电缆接头驳接中点。具体尺寸详见产品工艺图纸。

1）从长边电缆外护套断口处向电缆末端量取长度 A_1，做长边最终切断处标记。

2）从短边电缆外护套断口处向电缆末端量取长度 A_2，做短边最终切断处标记。

3）取 A_1 和 A_2 标记的中间点做电缆最终切断处标记。

（2）切断电缆。在电缆最终切断标记处分别将长边、短边电缆切断，并移除多余电缆。

8. 电缆主绝缘剥切

（1）标记主绝缘断口位置。根据图 10-2 所示的高压（超高压）电缆接头预处理示意图二，标记电缆主绝缘断口。具体尺寸详见产品工艺图纸。

1）从电缆接头驳接中点向长边电缆量取长度 C_1，做长边电缆绝缘断口标记。

2）从电缆接头驳接中点向短边电缆量取长度 C_2，做短边电缆绝缘断口标记。

（2）剥切主绝缘。在电缆主绝缘断口标记处分别将长边、短边电缆主绝缘切断，并移除多余主绝缘。

9. 电缆绝缘屏蔽处理

（1）标记绝缘屏蔽断口位置。根据图 10-2 所示的高压（超高压）电缆接头预处理示意图二，标记电缆主绝缘屏蔽断口。具体尺寸详见产品工艺图纸。

1）从电缆接头驳接中点向长边电缆量取长度 D_1，做长边电缆绝缘屏蔽断口标记。

2）从电缆接头驳接中点向短边电缆量取长度 D_2，做短边电缆绝缘屏蔽断口标记。

（2）剥切绝缘屏蔽。分别将长边、短边电缆绝缘屏蔽断口标记前的绝缘屏蔽层剥削移除，并完成绝缘屏蔽断口处理。

10. 电缆打磨处理

（1）处理主绝缘倒角。对电缆主绝缘断口进行 $2 \times 45°$ 倒角处理。

（2）打磨电缆。按照第九章"高压（超高压）电缆预处理"第八节"高压（超高压）电缆打磨处理"进行电缆打磨处理，然后使用强光电筒仔细检查，确保打磨充分抛光到位。

（3）防尘密封。从金属套向电缆末端绕包保鲜膜密封防尘。

第二节　高压（超高压）电缆接头安装准备

一、知识点

1. 电缆接头安装工房

（1）110～220kV 高压电缆附件安装：环境温度应控制在 0～35℃，相对湿度应控制不超过 80%（建议不超过 70%）（详见具体产品工艺要求），现场应没有明显灰尘飞舞的情况，有足够施工空间与合适的辅助设施。

（2）330～500kV 超高压电缆附件安装：在满足条件（1）的基础同时，要求搭建的电缆附件安装工房能够密闭，房内应配置更衣室（或风淋除尘室）、带空气过滤装置的换气系统、空调等设备，确保现场温湿度和空气洁净度完全满足电缆附件安装工艺要求。

2. 过盈量

过盈量是指绝缘预制件安装在电缆表面时的膨胀数值，代表两者间的界面压力大小，过盈量值等于电缆主绝缘外径减去电缆接头主体内径的差值。不同类型、不同厂家的产品设计的过盈量值均不一样，具体可参照产品的工艺说明。

二、技能点

1. 选择工具

（1）主要工具：吸尘器或吹风机、手扳葫芦、双钩带、帆布带。

（2）可选设备：空调、抽湿机、空气净化装置、钢管、固定扣件、转向扣件等。

（3）主材辅料：热缩套、金属保护壳、密封圈、PVC 胶带、保鲜膜、塑料薄膜、木方、垫块等。

2. 安装前准备

（1）准备安装环境。

1）对电缆和电缆接头安装工房进行全面清洁、整理，安装、启用空调或抽湿机等设备，确保安装工房环境满足电缆附件安装工艺要求。施工环境未满足要求前不得进行电缆接头安装。

2）如果安装现场环境尘土容易扬起，应在接头安装范围内铺设塑料薄膜，将灰尘、杂物与安装环境隔开，必要时在主体安装区域搭设房中棚，加强洁净度的控制。

3）清洁安装人员衣裤上的灰尘、杂质，或换穿全新的防静电安装服，配备吸汗毛巾。如条件允许，建议更换防静电安装服（带连衣帽）。

（2）检查复核。

1）对绝缘预制件（俗称主体）和金属保护壳进行外观检查，确保其外观完好，无受潮、破损、杂质、气泡或变形情况。如发现有瑕疵，应及时联系厂家更换。

2）实测电缆接头主体内径数值，计算实际过盈量值并核对是否满足具体产品的过盈量工艺要求。

3）复核导体连接管与导体是否匹配，一般情况下导体连接管内径应不大于导体外径 3mm；否则应该及时更换连接管。

（3）套入部件。

1）在电缆保鲜膜表面临时绕包阻水带，加强对电缆的保护。

2）按照产品安装工艺图纸，依次将对应规格的热缩套、金属保护壳、密封圈等分别套入长边电缆和短边电缆后方不影响施工的位置。

3）移除阻水带。

第三节　高压（超高压）电缆接头导体压接

一、知识点

1. 导体压接

常用的导体连接方式主要有压接连接、机械连接、熔焊连接。其中六角形压接连接使用最为广泛，是通过专用工具施加压力致使连接管接触部位变成六角形，与电缆导体永久连接的一种方式。

2. 导体屏蔽处理

目前，国内电缆接头导体屏蔽处理常见有半导电套式和金属罩式两种，主要作用是包裹压接后的导体连接管的棱角、屏蔽电场及避免导体对主体放电，同时，通过绕包半导电带或铜网使主体（绝缘预制件）中间的内电极与导体（屏蔽罩或半导电套）相连，起等电位作用。

二、技能点

1. 选择工具

（1）主要工具：压接泵（带液压管）、压接钳头、锉刀、热风枪、工模、一字螺丝起子。

（2）主材辅料：导体连接管、屏蔽罩（如有）、等电位连接线（如有）、半导电套（如有）、铜网、PVC 胶带、手打砂带、专用清洁巾、硅脂（油）。

2. 电缆导体压接

（1）选择压接工具。

1）按照具体产品的压接工模对照表和电缆截面选择合适的压接工模。

2）根据压接工模的宽度和电缆截面选择合适功率的压接泵，一般要求导体截面在 1000mm² 及以下电缆不宜采用出力小于 100t 的双动式压接泵（带压力表），导体截面在 1200mm² 及以上电缆宜采用出力 200t 双动式压接泵（带压力表）。

（2）压接导体连接管。

1）压接前应将导体连接管套入长边、短边电缆的导体上，并对接到位。

2）压接前再次检查热缩套、金属保护壳、密封圈、主体、半导电套（如有）等附件材料是否已经全部正确提前套入长边、短边电缆上。

3）将等电位连接线（如有）一端插入导体连接管内一并压接固定，将等电位线另一端使用螺栓安装在金属罩内。也有厂家绕包铜网带代替等电位线。

4）连接压接钳和压接泵，安装并调整钳头的高度。按照先中间后两端的顺序进行压接，压接时工模应完全合模且压力输出宜达到 700MPa。压接后导体连接管以及电缆主体安装范围的电缆应保持成一条直线。

5）一般情况下，要求两端的压接位置距离连接管两端口 4～8mm，中间的压接位置距离连接管中点 5mm 左右，各压接位置分布均匀且方向一致。压接后必须检查导体的压接伸长情况，确保两电缆主绝缘末端之间的长度 G 满足具体厂家的工艺要求，如图 10-3 所示。

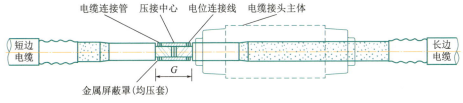

图 10-3　高压（超高压）电缆接头压接尺寸控制示意图

6）为确保压接前后电缆导体连接管范围及相邻两侧 1m 范围内的电缆保持一直线，边压接边提升长边电缆（远处），以消化压接伸长量，避免连接管处电缆发生弯曲。

（3）打磨毛刺。在电缆表面绕包保鲜膜密封，然后使用锉刀打磨消除导体连接管上的飞边和毛刺，避免金属碎屑黏附在电缆表面。如压接时损伤电缆绝缘，则使用砂带重新打磨修复。

3. 金属罩式导体屏蔽处理

（1）安装等电位线。将等电位线另一端使用螺栓安装在金属罩内，或者绕包铜网带填充在金属罩内代替等电位线。

（2）安装金属罩。将金属罩对接安装在导体连接管表面，如图 10-4 所示。如最后采用 PVC 胶带固定金属罩，则应注意压紧带材端头，避免带材被掀起拖至电缆绝缘或绝缘屏蔽处。如厂家没有明确要求，安装后的金属罩外径 D 与电缆绝缘外径 P 的差值应控制在 $-3mm < D-P < +1mm$。

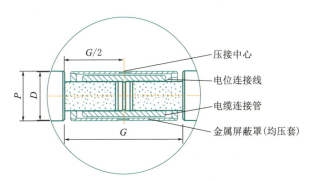

图 10-4　高压（超高压）电缆导体金属罩屏蔽处理示意图

4. 半导电套式导体屏蔽处理

（1）填充。在电缆连接管表面及相邻空隙处应绕包填充半导电带，带材绕包应均匀、平整。

半导电带绕包厚度＝工艺要求尺寸（D）－半导电套的厚度（P）

（2）安装半导电套。将半导电套从短边电缆移至导体连接管处，按照产品工艺要求确定半导电套的厚度。高压（超高压）电缆导体半导电套屏蔽处理示意图如图 10-5 所示。

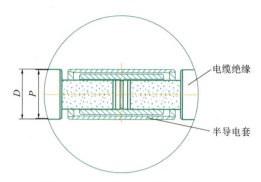

图 10-5　高压（超高压）电缆导体半导电套屏蔽处理示意图

第四节　高压（超高压）推拉式电缆主体安装

一、知识点

1. 电缆接头

电缆接头是指安装在电缆与电缆之间，具有一定绝缘与密封性能，使两根及以上电缆导体连通，使之形成连续电路的装置。其中，绝缘接头是将电缆的绝缘屏蔽和金属套在电气上断开的接头；直通接头是将电缆的绝缘屏蔽和金属套在电气上连接的接头。

2. 整体预制绝缘件接头

采用单一预制橡胶绝缘件（常见硅橡胶或三元乙丙橡胶），要求绝缘外径与预制件内径有过盈要求配合，以保证预制绝缘件对绝缘界面的压力，保证长期运行中不会因弹性下降导致绝缘性能下降情况的发生。

二、技能点

1. 选择工具

（1）主要工具：热风枪、手扳葫芦、专用推拉工具（拉板和夹具）、导向锥、钢直尺、钢卷尺、胶钳、活动扳手等。

（2）主材辅料：电缆接头主体、保鲜膜、硅脂棒、硅脂（油）、清洁巾、宽厚型 PVC 胶带、铁丝等。

2. 推拉式电缆接头主体安装

（1）标记定位和复核标记。

1）按照图 10-6 所示的高压（超高压）电缆整体预制式接头主体安装尺寸控制示意图标记接头主体的定位标记 $K/2$ 和复核标记 I_1 和 I_2。

2）实测接头主体在长边电缆上的长度 K，复核标记 I_1 值（一般为 100mm）和 I_2 值（一般为 600~800mm）为自定义任意数值，标记位置不被主体覆盖即可。

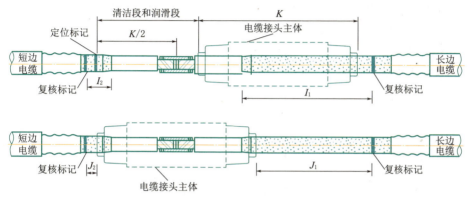

图 10-6 高压（超高压）电缆整体预制式接头主体安装尺寸控制示意图

（2）准备接头主体。

1）清洁并烘干电缆接头主体，使用清洁后的硅脂棒在主体内壁均匀涂抹硅脂（油），然后绕包保鲜膜密封。

2）将接头主体放置在干净的备用区域。

（3）清洁电缆。

1）移除长边电缆上的保鲜膜，在长边电缆的导体上安装导向锥或绕包 PVC 胶带，以防刮伤接头主体。

2）按照从绝缘层往绝缘屏蔽层方向单向进行清洁，然后立即烘干。

3）佩戴干净塑料手套，将硅脂（油）从导向锥、绝缘层往绝缘屏蔽层方向单向均匀涂抹在长边电缆的主绝缘层和绝缘屏蔽斜坡上。严禁使用脏手和汗水直接触碰清洁后的电缆和直接涂抹硅脂（油）。

（4）安装电缆接头主体。

1）在长边电缆的外护套上安装专用固定夹具，如果夹具发生滑动，可采取打磨粗糙、绕包带材或铁丝绑扎等方式加固。最后在长边电缆下方垫放一块纸皮，以防硅脂（油）污染安装环境。

2）用手将接头主体一端插入导向锥（或主绝缘），在接头主体的另一端安装接头主体专用拉板，然后将手扳葫芦分别对称挂在专用拉板和专用固定夹具上稍微收紧。注意主体套入电缆时的方向，如要求主体（预制件）绝缘段朝向长边电缆。

3）两侧葫芦应同步收紧铰链直至长边电缆主绝缘末端露出约5mm时停止，然后绕包保鲜膜将接头主体密封。收紧过程确保拉板左右受力平衡，注意接头主体的形变情况，避免局部受力过大损伤接头主体。控制接头主体停留长边电缆的时间，一般不宜超过60min。

4）拆除导向锥，完成电缆导体与导体连接管的压接。

5）移除短边电缆上的保鲜膜，按照从绝缘层往绝缘屏蔽层方向单向进行清洁，然后立即烘干。

6）将长边电缆用固定夹具转移安装在短边电缆外护套上，然后重复2）～3）步骤，将接头主体拉至短边电缆的接头主体定位标记位置。

7）调整接头主体位置，确保主体最终就位后满足$|I_1-J_1|-|I_2-J_2|<$1mm。

8）拆除专用安装工具，清理接头主体两端溢出和电缆表面的硅脂（油）后烘干。

第五节　高压（超高压）气扩式主体安装

一、知识点

气扩式主体同样采用整体预制橡胶绝缘件的生产工艺，同样要求绝缘外径与预制件内径有过盈要求配合，以保证预制绝缘件对绝缘界面的压力。主要特点在主体安装前需要在主体一端安装充气导向锥，通过压入99.5%氮气，在接头主体与电缆表面形成气膜，以便手动将接头主体推至定位标记处。

二、技能点

1. 选择工具

（1）主要工具：热风枪、导向锥、气扩专用工具［气扩锥头、扩张立柱（带锁紧棒）］、钢直尺、钢卷尺、六角匙、圆口剪刀、排气专用工具、氮气瓶（配压力表和控制阀门）等。

（2）主材辅料：电缆接头主体、保鲜膜、硅脂棒、硅脂（油）、清洁巾、宽厚型PVC胶带、砂带等。

2. 气扩式电缆接头主体安装

（1）标记定位和复核标记。

1）按照图 10-6 所示的高压（超高压）电缆整体预制式接头主体安装尺寸控制示意图标记接头主体的定位位置（产品安装工艺说明）和复核标记 I_1 和 I_2。

2）复核标记 I_1 值（一般为 100mm）和 I_2 值（一般为 600～800mm）为自定义任意数值，标记位置不被主体覆盖即可。

（2）准备接头主体。

1）清洁并烘干电缆接头主体，使用清洁后的硅脂棒在主体内壁均匀涂抹硅脂（油），然后绕包保鲜膜密封。

2）检查并组装厂家提供的主体安装专用气扩锥头，确保气扩锥头合模紧密，没有缝隙且合模缝上未有尖锐凸起；否则应及时更换（或处理），不得勉强使用。另外，需要确保气扩装置与电缆截面相匹配，如果装置不匹配容易导致漏气，影响主体的安装。

3）将接头主体一端（规定方向）压入气扩锥头后临时固定，然后按照产品安装工艺要求绕包 PVC 胶带和紧固喉箍，将气扩锥头固定在主体上。注意在喉箍收紧处垫小块纸皮，避免损伤主体。

4）将准备好的接头主体放置在干净的备用区域。

（3）清洁电缆。

1）移除长边电缆上的保鲜膜，在长边电缆的导体上安装导向锥或绕包 PVC 胶带，以防刮伤接头主体。

2）按照从绝缘层往绝缘屏蔽层方向单向进行清洁，然后立即烘干。

3）佩戴干净塑料手套，将硅脂（油）从导向锥、绝缘层往绝缘屏蔽层方向单向均匀涂抹在长边电缆的主绝缘层和绝缘屏蔽斜坡上。严禁使用脏手和汗水直接触碰清洁后的电缆和直接涂抹硅脂（油）。

（4）安装电缆接头主体。

1）按照产品工艺要求的方向将主体（安装扩张工具）一侧套入长边电缆。在长边电缆下方垫放一块纸皮，以防硅脂（油）污染安装环境。

2）安装气管将气扩锥头和氮气瓶控制阀门连接起来。

3）打开氮气阀门直至电缆表面形成气膜，借助气膜减少阻力时，用力将接头主体推入长边电缆直至露出主绝缘约 5mm 后关闭阀门停止移动，然后绕包保鲜膜将接头主体密封。控制接头主体停留长边电缆的时间，一般不宜超过 60min。

4）拆除导向锥，完成电缆导体与导体连接管的压接。

5）移除短边电缆上的保鲜膜，按照从绝缘层往绝缘屏蔽层方向单向进行清洁，然后立即烘干。

6）再次打开氮气阀门直至电缆表面形成气膜，反向将接头主体推至短边电缆的接头主体定位标记处。

7）调整接头主体位置，确保主体最终就位后满足$|I_1-J_1|-|I_2-J_2|<$1mm要求。

8）拆除气扩锥头，使用专用排气工具将接头主体内残余氮气全部排出。

9）清理接头主体两端溢出和电缆表面的硅脂（油）后烘干。

第六节 高压（超高压）现场扩张式主体安装

一、知识点

现场扩张式主体与推拉式/气扩式主体安装方式差异较大，采用将接头主体在施工现场进行扩张，临时放置在扩张管上，以便轻松移动就位。一般要求主体扩张完成后4h内完成安装就位抽出扩张管，避免长时间扩张导致主体回缩不到位，造成质量隐患。

二、技能点

1. 选择工具

（1）主要工具：热风枪、扩张专用工具（立柱电动泵、扩张压头、导向锥、硅脂导流片）、扩张管拉出专用工具、T形头刀、液化气喷枪（带气瓶）。

（2）主要辅材：电缆接头主体、保鲜膜、硅脂棒、硅脂（油）、清洁巾、PVC胶带、扩张管等。

2. 现场扩张式电缆接头主体安装

（1）标记定位和复核标记。

1）按照图10-6所示的高压（超高压）电缆整体预制式接头主体安装尺寸控制示意图标记接头主体的定位位置（产品安装工艺说明）和复核标记I_1和I_2。

2）复核标记I_1值（一般为100mm）和I_2值（一般为600～800mm）为自定义任意数值，标记位置不被主体覆盖即可。

（2）扩张接头主体。

1）清洁并烘干电缆接头主体，使用清洁后的硅脂棒在主体内壁均匀涂抹硅脂（油），然后绕包保鲜膜密封。

2）安装专用扩张装置、扩张管和扩张管导向锥，清洁并烘干扩张管的内、外表面和导向锥的外表面。

3）将接头主体一端压入扩张管导向锥，然后在接头主体上端安装扩张压头并固定，最后在接头主体下端均匀插入硅脂导流片。启动专用扩张装置，通过扩张压头将接头主体压入扩张管，直至扩张管露出接头主体约20mm。接头主体扩张过程，硅脂导流片需要同步牵引往下拉动，控制好导流片插入主体的深度，始终保持插入主体5～10cm，与主体一齐向下移动。主体扩张视为电缆接头安装，应在温度、湿度、洁净度均满足要求的环境条件下进行扩张。

4）移除导向锥和专用扩张工具，清理扩张管表面溢出的硅脂（油），使用保鲜膜绕包密封后放置在干净的备用区域。

（3）清洁电缆。

1）移除长边电缆上的保鲜膜，按照从绝缘层往绝缘屏蔽层方向单向进行清洁，然后立即烘干。

2）佩戴干净塑料手套，将硅脂（油）从导向锥、绝缘层往绝缘屏蔽层方向单向均匀涂抹在长边电缆的主绝缘层和绝缘屏蔽斜坡上。严禁使用脏手直接触碰清洁后的电缆和直接涂抹硅脂（油）。

（4）安装电缆接头主体。

1）将扩张后的接头主体套入长边电缆而不影响导体压接的位置。

2）在长边电缆、接头主体和金属套断口范围内全部绕包保鲜膜密封。

3）完成电缆导体与导体连接管的压接。

4）将接头主体移至中间位置，使用厂家提供的拉出专用装置将扩张管从短边电缆往长边电缆侧缓慢抽出，短边侧主体在定位标记位置附近开始收缩。

5）拆除扩张管拉出专用安装工具。

6）使用液化气喷枪加热扩张管，使用T形头刀将扩张管破开后移除。

7）清理电缆表面及主体溢出的多余硅脂（油）。

第七节　高压（超高压）电缆接头屏蔽处理

一、知识点

接头屏蔽处理一般指根据接头类型（如绝缘接头、直通接头）、安装产品工艺要求恢复绝缘屏蔽层结构的操作，一般在接头主体、电缆、金属套表面依次绕包一定尺寸和层数的半导电带、铜网带和PVC胶带等。

二、技能点

1. 选择工具

（1）主要工具：电烙铁、热风枪、胶钳。

（2）主材辅料：防水带、绝缘带、半导电带（ACP带）、铜网、铅带、PVC胶带、焊料、铜扎线、清洁巾等。

2. 接头屏蔽处理

（1）加强防水密封。在接头主体两端口和两侧电缆金属套断口位置，将防水带拉伸至长度1.5～2倍，以半重叠的方式绕包两层。防水带应分别搭接主体/电缆和金属套/电缆长度应不少于100mm，且第二层带材应完全覆盖住第一层带材。

（2）屏蔽处理。

1）按照具体产品工艺图纸的位置，将相关带材长度拉伸至长度1.5～2倍，以半重叠的方式依次绕包。根据不同产品设计，一般按照半导电带、铅皮（如有）、铜网、绝缘带（如有）和PVC胶带依次绕包，做电缆接头的屏蔽处理。图10-7所示为高压（超高压）电缆（绝缘）接头屏蔽处理示意图。

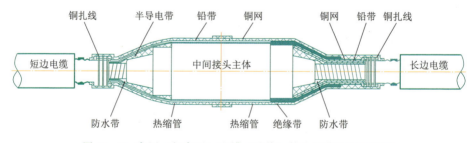

图 10-7 高压（超高压）电缆（绝缘）接头屏蔽处理示意图

2）安装电缆绝缘接头时，半导电带、铜网等导电带材不得绕包在接头主体的绝缘段，清洁并烘干绝缘段后还应将绝缘带拉伸至长度1.5～2倍，以半重叠的方式绕包6～8层，以加强绝缘。

第八节 高压（超高压）电缆接头金属保护壳安装

一、知识点

安装在电缆接头主体外的金属外壳，起连通电缆金属套、隔绝外部水分子及其他环境影响的作用。其中绝缘接头金属保护壳常见单侧双接线柱和双侧单接线柱两种形式，其中单侧双接线应注意接线柱上标识的金属连接方向，安装施工前使用万能表复核确认。

二、技能点

1. 选择工具

（1）主要工具：六角匙套装、尖尾棘轮扳手、热风枪、电动搅拌器。

（2）主材辅料：金属保护壳、密封圈、金具螺栓、导电脂、密封脂、清洁巾、铅垫块（或其他垫块）、填充带、绝缘带、防水带、PVC 胶带、A/B 防水胶等。

2. 安装金属保护壳

（1）在两端电缆金属套断口上绕包填充带，支撑起金属保护壳，使电缆居中。

（2）清洁密封圈和密封槽后烘干，将均匀涂抹密封脂的密封圈置入密封槽内。将长边、短边金属保护壳移至电缆接头中间进行紧固。如产品工艺有要求，应在长端金属保护壳和短端保护壳的对接法兰面上薄薄涂抹一层导电脂，确保金属接触良好。

（3）收紧金属保护壳螺栓时应按照对角线的方式同步收紧对角螺栓，避免受力不均匀，部分法兰面未能贴合。初步紧固后，应按照具体产品工艺要求的力矩对全部螺栓进行逐一检查。

（4）调整金属保护壳的位置，使金属保护壳搭接两侧电缆金属套的长度保持一致且每侧搭接长度一般不少于50mm。

（5）将金属保护的灌胶口旋转至正上方，在金属保护壳对接的金属部位应绕包 4～6 层绝缘带加强绝缘。

3. 金属保护壳封铅

参照第十三章"高压（超高压）电缆金属保护壳/尾管封铅"进行电缆接头金属保护壳封铅操作。

4. 灌注防水密封胶（南方地区）

（1）拌制 A/B 防水胶。按照防水密封胶产品配比要求使用电动搅拌器拌制 A/B 防水胶，防水胶应充分搅拌至颜色一致为止。

（2）灌注防水胶。防水胶拌制后应及时灌注，灌注满溢待胶面下降后再次补灌，直至胶面不再下降为止。安装密封盖后再绕包 4～6 层防水带、PVC 胶带、收缩热缩套等加强防水密封。为避免污染环境，灌注前应采取防溢漏措施。

第九节　高压（超高压）组合预制式电缆接头安装

一、知识点

组合预制式电缆接头也称为装配式电缆接头，由应力锥和环氧绝缘体构成主绝缘，通过弹簧压紧装置保证应力锥与电缆和环氧绝缘体之间界面压力的中间接头。因为采用弹簧结构，其过盈配合较整体预制式接头的要求小。

二、技能点

1. 选择工具

（1）主要工具：组装式水平滑轨、双钩带、0.25t 手扳葫芦、锁紧专用工具、棘轮扳手、热风枪、钢尺。

（2）主要辅材：半导电带、铜网、PVC 胶带、镀锡铜线、保鲜膜、硅油、清洁巾、硅脂。

2. 读图

认识并读懂图 10-8 所示的高压（超高压）电缆组合预制式接头安装尺寸控制示意图表示的位置以及相关控制尺寸。

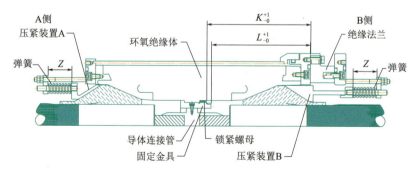

图 10-8　高压（超高压）电缆组合预制式接头安装尺寸控制示意图

3. 组合预制式电缆接头主体安装

（1）压接 B 侧导体连接管。

1）压接前确认压模尺寸与导体连接管相匹配。

2）压接前将分割导体内分割纸（皱纹纸）清理干净。

3）压接导体时，应确保电缆导体与导体连接管操持在同一直线上，压接后不应有弯曲。

（2）绕包 A 侧带材。按产品图纸工艺将半导电带拉伸至长度 1.5～2 倍，以半重叠的方式依次绕包半导电带、铜网和 PVC 胶带，然后用镀锡铜线将铜网绑扎在金属套上焊接，带材不宜有褶皱。

（3）套入部件。

1）按照产品图纸工艺在 A 侧和 B 侧依次套入部件，注意部件顺序和数量。

2）套入应力锥时应注意旋转方向与半导电带绕包方向一致，避免掀翻半导电带。

（4）压接 A 侧导体连接管。

1）压接前确认压模尺寸与导体连接管相匹配。

2）压接前将分割导体内分割纸（皱纹纸）清理干净。

3）压接前再次确认两侧电缆上套入部件及套入顺序与图纸和安装说明相符。

4）压接导体时，应确保电缆导体与导体连接管操持在同一直线上，压接后不应有弯曲。

（5）安装 A 侧应力锥环氧绝缘体。

1）在制作好的电缆主绝缘上临时绕包聚四氟乙烯带，防止电缆主绝缘损伤，然后把固定金具拧在导体连接管上并固定。

2）清洁环氧绝缘体内部和 A 侧应力锥外部，检查确认无异物、划痕，在相接触部位均匀涂抹硅油。

3）通过水平滑轨将环氧绝缘体移动至导体固定金具上。在 B 侧把平垫圈、弹簧垫圈套在固定金具上，并预装锁紧螺母。

4）用锁紧专用工具转到锁紧螺母，固定环氧绝缘体。检测 B 侧法兰外端面与 B 侧固定金具端面距离 L（距 B 侧锁紧螺母端面距离 K），确认环氧绝缘体固定到位。拆除临时的绕包上电缆主绝缘的聚四氟乙烯带。

（6）安装 A 侧应力锥锥托。

1）清洁应力锥锥托，并检查确认内表面无划痕等异常。

2）按照产品图纸工艺将 A 侧应力锥锥托固定并确认弹簧尺寸；在固定过程中平衡用力、对角调节。

（7）安装 B 侧应力锥和锥托。

1）清洁并烘干环氧绝缘体内部、B 侧应力锥和电缆绝缘外表面，然后均匀涂抹硅油。

2）将应力锥推入到环氧绝缘体内部，不应有异物混入。

3）按产品图纸工艺将半导电带拉伸至长度 1.5～2 倍，以半重叠的方式依次绕包半导电带、铜网和 PVC 胶带，然后用镀锡铜线将铜网绑扎在金属套上焊接，带材不宜有褶皱。

4）清洁应力锥锥托，并检查确认内表面无划痕等异常。

5）按照产品图纸工艺将 B 侧应力锥锥托固定并确认弹簧尺寸；在固定过程中平衡用力、对角调节。

（8）安装金属尾管。

1）清洁并检查尾管和 O 形圈，确认无划痕、裂纹等异常。

2）在 O 形圈表面和密封沟槽内均匀涂抹硅脂。

3）用螺栓将尾管固定，在固定过程中平衡用力、对角调节。

第十一章
高压（超高压）电缆瓷/复合套管终端安装

第一节　高压（超高压）电缆瓷/复合套管终端预处理

一、知识点

电缆瓷（复合）套终端基准面，相当于电缆终端的电缆本体处理的基准点，电缆外护套、电缆金属护套绝缘屏蔽、电缆主绝缘等电缆处理尺寸测量起点必须直接从基准点起量，不应随意以其他部位作为测量起点。

二、技能点

1. 读图

认识并读懂图 11-1 和图 11-2 所示代号代表的电缆预处理尺寸及相应位置。

2. 电缆初始切断

（1）标记电缆瓷（复合）套终端基准面。将电缆调直后，清洁电缆外护套表面，根据现场条件确定电缆终端基准面。

（2）标记电缆初始切断位置。按照图 11-1 所示的高压（超高压）电缆瓷（复合）套终端预处理示意图，从电缆终端基准面分别向电缆断口量取 H_1，作为电缆最终切断处；从电缆终端基准面分别向电缆断口量取 H_1+L，做电缆初始切断处标记。

（3）切断电缆。在电缆初始切断标记处将电缆切断，并移除多余电缆。

3. 电缆外护套剥切

（1）标记外护套断口位置。根据图 11-1 所示的高压（超高压）电缆瓷（复合）套终端预处理示意图，标记外护套断口位置。具体尺寸详见产品工艺图纸。

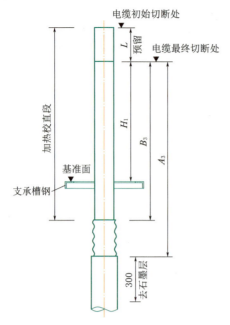

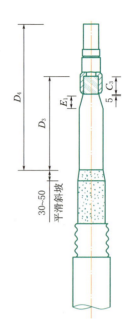

图 11-1　高压（超高压）电缆瓷（复合）
套终端预处理示意图（单位：mm）

图 11-2　高压（超高压）电缆瓷/复合
套电缆终端处理示意图（单位：mm）

从电缆终端最终切断处向下量取长度 A_3，做电缆外护套断口标记。

（2）剥切外护套。在电缆外护套断口标记处切割，并移除多余的外护套。

（3）刮除石墨层。从电缆外护套断口处向下刮除不少于 300mm 的石墨层。

4. 电缆底铅处理

参照第十三章"高压（超高压）电缆金属保护壳/尾管封铅"进行电缆金属套清洁及底铅处理。

5. 电缆金属护套剥切

（1）标记金属护套断口位置。根据图 11-1 所示的高压（超高压）电缆瓷（复合）套终端预处理示意图，标记金属护套断口位置。具体尺寸详见产品工艺图纸。

从电缆终端最终切断处向下量取长度 B_3，做电缆金属护套断口标记。

（2）剥切金属护套。在电缆金属护套断口标记处切割，并移除多余的金属套。

6. 电缆加热校直

参照第九章"高压（超高压）电缆预处理"第四节"高压（超高压）电缆加热校直处理"进行电缆加热校直处理。

7. 电缆最终切断

（1）标记电缆最终切断位置。根据图 11-1 所示的高压（超高压）电缆瓷（复合）套终端预处理示意图，标记电缆瓷（复合）套终端最终切断位置。具体尺寸详见产品工艺图纸，特别注意必须对应安装相序现场实测瓷（复合）套管的长度，并核对套管偏差满足厂家工艺要求。

从电缆瓷（复合）套终端基准面向上量取长度 H_1，做电缆最终切断处标记。

（2）切断电缆。在电缆最终切断标记处将电缆切断，并移除多余电缆。

8. 电缆主绝缘剥切

（1）标记主绝缘断口位置。根据图 11-2 所示的高压（超高压）电缆瓷/复合套终端处理示意图，标记电缆主绝缘断口位置。具体尺寸详见产品工艺图纸。

从电缆最终切断处往下量取 C_3，做主绝缘断口标记。

（2）剥切主绝缘。在电缆主绝缘断口标记处将电缆主绝缘切断，并移除多余主绝缘，并往下均匀做 E_1 长度铅笔头。

9. 电缆绝缘屏蔽处理

（1）标记绝缘屏蔽断口位置。根据图 11-2 所示的高压（超高压）电缆瓷/复合套终端处理示意图，标记电缆主绝缘屏蔽断口。具体尺寸详见产品工艺图纸。

从电缆最终切断处向下量取长度 D_3 或从压接后的出线柱向下量取长度 D_4，做电缆绝缘屏蔽断口标记。量取尺寸时务必确保电缆垂直地面不弯曲。

（2）绝缘屏蔽处理。分别将电缆绝缘屏蔽断口标记处往主绝缘断口方向的绝缘屏蔽层剥削移除，并按图完成绝缘屏蔽断口处理。

10. 电缆打磨处理

（1）打磨电缆。按照第九章"高压（超高压）电缆预处理"第八节"高压（超高压）电缆打磨处理"进行电缆打磨处理，然后使用强光电筒仔细检查，确保打磨充分抛光到位。

（2）防尘密封。从金属护套向电缆末端绕包保鲜膜以密封防尘。

第二节　高压（超高压）电缆瓷/复合套管终端安装前准备

一、知识点

（1）电缆终端：安装在电缆线路两个末端，使电缆与电力系统其他电气设备相连接，并保持绝缘与密封性能至连接点的装置，应具有良好的导体连接、完善的绝缘性能、可靠的密封措施和足够的机械强度。

（2）电缆瓷/复合套管终端：根据套管材料类型，电缆终端可分为瓷套管充油式终端和硅橡胶复合套管充油式终端两种，一般采用预制橡胶应力锥结构。

二、技能点

1. 选择工具

（1）主要工具：吸尘器或吹风机、手扳葫芦、拉链葫芦、双钩带、帆布带。

（2）可选设备：空调、抽湿机、空气净化装置、钢管、固定扣件、转向扣件等。

（3）主材辅料：热缩套、金属尾管、应力锥托（如有）、密封圈、PVC胶带、保鲜膜、塑料薄膜等。

2. 准备好安装环境和条件

（1）满足电缆瓷/复合套管终端安装环境要求。电缆瓷/复合套管端头安装必须搭设安装工房，对工房内的温度、湿度和洁净度进行控制，施工环境未满足前不得进行安装施工。

1）110～220kV高压电缆附件安装。环境温度应控制在0～35℃，相对湿度应控制不超过80％（建议不超过70％），现场应没有明显灰尘飞舞的情况，有足够施工空间与合适的辅助设施。

2）330～500kV超高压电缆附件安装。在满足条件1）的基础上，要求搭建的电缆附件安装工房能够密闭，房内宜配置更衣室（或风淋除尘室）、带空气过滤装置的换气系统、空调等设备，确保现场温湿度和空气洁净度完全满足电缆附件安装的工艺要求。

（2）打扫安装工房内环境，清理电缆预处理产生的各种垃圾，如果安装现场环境灰尘较大，建议在终端安装时在安装区域搭设房中棚，加强洁净度的控制。

（3）确保安装人员衣裤、头发上没有可见灰尘、半导电颗粒等杂质掉落。若条件允许，建议再换穿新的防静电安装服（带连衣帽），配备吸汗毛巾。

3. 检查核对关键部件

（1）对应力锥、环氧套管外观进行检查，确保其外观完好，无破损、杂质、气泡或变形情况，包装、密封性完好，无受潮现象。如发现有瑕疵时应及时联系厂家更换，不得使用不合格的附件进行安装。

（2）核对应力锥、环氧套管等关键部件规格型号，并检查产品出厂试验合格证，同时记录编号。

（3）复核应力锥内径与电缆主绝缘外径的过盈量是否满足产品工艺要求。

4. 检查终端下方抱箍

确定电缆终端下方的电缆抱箍已紧固，电缆不会发生位移。

5. 检查套管吊点的荷载能力

确定吊点有足够的荷载，起吊吊装瓷/复合套管时安全稳定。

6. 准备好工艺尺寸挂图

根据厂家提供的安装图纸，挂在现场适当位置，便于安装核对。

7. 清洁安装人员服装

使用吸尘器或吹风机清洁安装人员衣裤上灰尘、杂质，或换穿全新的防静电安装服。

8. 保护电缆

套装附件前，在电缆表面绕包一层保鲜膜和2～3层阻水带以加强对电缆的保护。

9. 套入电缆附件

按照厂家工艺图纸，依次将对应规格的热缩套、金属尾管、密封圈、应力锥托先后套入电缆，放置在不影响后续施工的位置。

第三节　高压（超高压）电缆瓷/复合套管终端导体压接

一、知识点

电缆瓷/复合套管终端导体压接要求：压接前出线柱不应紧贴电缆主绝缘，应留有一定空隙，宜采用从上往下的顺序进行压接，以便出线柱在导体表面延伸；压接后的出线柱与电缆本体保持一致的直线度，以避免影响上部金具的安装。

二、技能点

1. 选择工具

（1）主要工具：压接泵（带液压管）、压接钳头、工模、锉刀、热风枪、1.5t拉链葫芦。

（2）可选工具：0.25t手扳葫芦、出线柱校直工具（长木方、绑绳、小垫块）。

（3）主材辅料：导体出线柱、半导电带、绝缘带（如需）、PVC胶带、手打砂带、专用清洁巾。

2. 选择适合的压接工模

按照具体厂家压接工模对照表和电缆截面选择合适的压接工模。

3. 选择适合的压接泵

根据压接工模的宽度和电缆截面选择合适功率的压接泵，一般要求导体截面在 $1000mm^2$ 及以下电缆采用的压接泵出力应不小于100t双动式压接泵（带压力表），导体截面在 $1000mm^2$ 及以上电缆采用的压接泵出力应不小于200t双动式压接泵（带压力表）。

4. 去氧化层

压接前应打磨电缆导体，去除氧化层。压接后应打磨消除导体出线柱上的飞边和毛刺。打磨前应在电缆本体和应力锥表面绕包保鲜膜，避免粘附金属碎屑。

5. 压接前复核尺寸

压接前应复核导体出线柱与导体是否匹配，一般情况下出线柱内径应不大于电缆导体外径3mm；否则应该及时更换出线柱。

6. 压接导体

（1）套入出线柱，安装工模、压接泵和压接钳，做好压接准备。

（2）导体出线柱应按照从上往下的顺序进行压接，压接时工模应完全合模且压力输出应达到700MPa。第二道压接宜搭接在第一道压痕上，压接方向宜保持一致，压接痕迹距离出线柱压接段上下末端宜控制在4～8mm。导体压接长度不宜少于出线柱孔深的70%。

（3）如压接后出线柱有弯曲变形情况，必须对其校直，使之满足后续安装工艺要求。校直前应做好保护措施，避免校直过程损伤电缆本体和应力锥。

（4）使用锉刀打磨消除压接过程产生的飞边与毛刺。

（5）如压接时损伤电缆绝缘，则使用砂带重新打磨修复。

7. 压接后复核尺寸

检查相关尺寸并确保满足厂家工艺要求。

8. 屏蔽处理

按照厂家工艺要求与图纸尺寸进行导体及铅笔头处的屏蔽处理。

第四节　高压（超高压）电缆瓷/复合套管终端应力锥安装

一、知识点

（1）过盈量：指处理后的电缆绝缘外径大于应力锥内径的正差值，这个差值应满足厂家工艺规定。如过盈量小于规定，界面压力过小，可能导致应力锥与电缆绝缘间产生气隙，进而引起局部放电；如过盈量大于规定，界面压力过大，可能会损伤应力锥，加速材料老化松弛。

（2）应力锥锥托：是一套机械弹簧装置，用以保持应力锥与电缆之间的应力恒定，能延缓高电场和热电场作用下应力锥老化引起的界面压力松弛的问题。

（3）基准面：是电缆本体处理及附件安装的重要参照点，重要尺寸控制起量点。不同厂家电缆瓷/复合套管终端所指的基准面可能并非同一位置，有些是支撑槽钢上表面，有些是支撑套管的底板上表面，具体所指位置可参照厂家工艺图纸。

二、技能点

1. 选择工具

（1）主要工具：硅脂棒、应力锥专用工具、电烙铁（含焊料）。

（2）主材辅料：应力锥、半导电带、绝缘带（如需）、铜网、铜扎线、防水带、PVC胶带、专用清洁巾、硅脂（油）、塑料手套。

2. 做电缆屏蔽处理

（1）按照厂家工艺要求及图纸尺寸进行半导电屏蔽处理，如依次以半重叠方式绕包半导电带、铜网、PVC胶带（如有要求），带材需要拉伸至长度的1.5～2倍。

（2）铜网搭接铝护套长度一般不少于50mm，且应用铜扎线扎紧。铜网搭接处宜用焊锡焊牢。

3. 复核过盈量

复核并确保应力锥与电缆绝缘的过盈量数值符合厂家工艺要求。

4. 做定位及复核标记

根据厂家工艺图纸严格控制应力锥的到位尺寸，可参照图11-3所示的高压（超高压）电缆瓷/复合套管终端应力锥安装示意图进行应力锥安装定位与尺寸控制。具体尺寸数据需严格参照实际施工厂家的工艺图纸量取。

（1）绝缘屏蔽断口定位。

1）从绝缘屏蔽断口向下量取 M_1，作为应力锥定位尺寸。

2）从绝缘屏蔽断口向下量取 M_2，作为应力锥复核尺寸。

（2）应力锥法兰定位。从应力锥法兰上端面向上量取 M_3，作为应力锥定位尺寸。

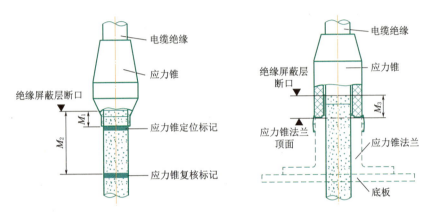

图 11-3　高压（超高压）电缆瓷/复合套管终端应力锥安装示意图

5. 清洁电缆

拆除电缆本体的保护带材和保鲜膜，应使用清洁巾从导向锥往铝护套方向单向清洁电缆，不得往返反复擦拭，清洁巾不得反复使用。如果清洁巾数量不足，建议采用不掉毛的干净纸巾湿润无水乙醇（建议纯度在 99.5％ 及以上）来清洁。

6. 涂抹硅脂（油）

（1）清洁后使用热风枪将残留水分烘干，然后佩戴干净的塑料手套在电缆绝缘表面均匀涂抹硅脂（油）。不得用手直接涂抹硅油。

（2）除厂家明确表示应力锥内壁干净、不需要清洁的地方外，应使用清洁巾清洁应力锥内壁后烘干，然后使用硅脂棒均匀涂抹硅脂（油），最后绕包保鲜膜密封。

7. 安装应力锥

（1）应力锥安装过程不得伤及电缆本体或应力锥，建议使用专用工具，将应力锥拉至定位标记处，如图 11-3 所示。如遇特殊工艺可按照厂家工艺要求进行安装。

（2）如应力锥安装过程需要间断，应及时在电缆本体上绕包保鲜膜隔绝灰尘。

（3）应力锥安装到位后应及时清洁溢出的多余硅脂（油），然后按照厂家工艺要求进行应力锥的固定与屏蔽接地处理。

（4）根据不同厂家工艺安装应力锥锥罩（环氧内胆）。

1）日式结构：①110kV 的工艺：预先将应力锥锥罩（环氧内胆）装入套管内；②220kV 的工艺：首先在支撑槽钢（支撑架）上安装支撑绝缘子和套管底板并紧固，然后安装应力锥，最后安装应力锥锥罩并紧固在套管底板上。安装全过程不得伤及电缆、应力锥和应力锥锥罩。

2）欧式结构：①在支撑槽钢（支撑架）上安装支撑绝缘子和套管底板并紧固；②在套管底板上安装电缆应力锥法兰（或密封管）和居中垫块，使电缆居中；③安装应力锥，然后按照厂家工艺要求进行应力锥下端面与应力锥法兰（或密封管）间的屏蔽接地处理和防水密封处理。

第五节　高压（超高压）电缆瓷/复合套管及金具安装

一、知识点

金具防水密封时套管式终端多数位于户外，对顶部金具和尾管金具的密封要求非常高，由于顶部胶圈未清洁干净或放置不正确，导致套管进水或潮气入侵，进而诱发电缆终端发热和局部放电现象，最终导致击穿故障；而尾管搪铅密封不到位，导致水分、潮气侵入电缆金属套内，进而诱发铝离子侵蚀电缆本体，最终导致击穿故障。

二、技能点

1. 选择工具及辅料

（1）主要工具：限力扳手、活动扳手、尖尾棘轮扳手、拉链葫芦、热风枪、螺纹吊钩（俗称牛眼）、帆布带、安全绳、六角匙套装、金具紧固专用工具（弧形扒）、套管清洁棒。

（2）主材辅料：顶部金具（整套）、应力锥托（如有）、锥托接地线（如有）、金属尾管、金具螺栓、密封圈、塑料手套、密封脂、专用清洁巾、屏蔽罩、瓷/复合套管、支撑绝缘子、套管底座、密封圈、套管螺栓、厚塑料膜。

2. 吊装瓷/复合套管终端

（1）瓷/复合套管使用前必须清洁、烘干，然后使用厚塑料膜密封底部端口，使用保鲜膜密封顶部端口。

（2）注意支撑绝缘子的安装方向，伞裙方向应朝下。检查并调整支撑高度，确保套管底座和瓷/复合套管法兰面完全水平，没有倾斜现象。

（3）当套管起吊离地 5cm，用力下拉套管检查拉链葫芦是否出现下滑迹象，确定拉链葫芦工作正常后再继续起吊。

（4）起吊操作应全程安排专人拉、扶套管，防止套管与支架、工房或电缆发生碰撞。在下放套管的过程中同步移除电缆表面的保鲜膜，避免灰尘粘附在主绝缘表面。

（5）按照厂家力矩要求使用力矩扳手紧固套管螺栓。

（6）吊装作业，所有作业人员均佩戴安全帽，高空作业人员应穿戴并正确使用安全带。

3. 安装锥托

仅日式工艺需要安装应力锥锥托，欧式工艺没有此工序步骤。

（1）锥罩锥托式结构产品的锥托安装前，需要先预安装顶部金具，确保其安装尺寸满足工艺要求，然后按照厂家工艺要求安装紧固锥托，如图 11-4 所示。

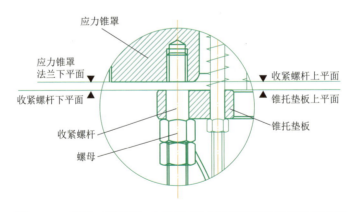

图 11-4　高压（超高压）电缆瓷/复合套管终端锥托安装示意图

（2）按照厂家工艺图纸要求和尺寸进行应力锥锥罩和锥托的安装。一般应按照对角线的方式同步收紧对角螺栓，螺栓收紧的先后顺序应错开相邻螺栓，避免锥托法兰面受力不平衡导致局部压力过大损伤应力锥。

（3）锥托收紧螺杆的第一螺母到位后，应安装第二螺母，第一螺母和第二螺母需相互锁紧。

（4）锥托接地线一端紧固在锥托锁紧螺母间，另一端焊接在铝护套上。

4. 灌注绝缘油

（1）应严格按照油温曲线灌注并控制绝缘油的高度 N_2，如图 11 - 5 所示。具体尺寸数据需严格参照实际施工厂家的工艺图纸量取。

（2）灌注绝缘油过程不得掉落任何非绝缘油的物质进入套管内。

5. 安装顶部金具

（1）按照厂家工艺图纸尺寸严格控制电缆露出瓷/复合套管的尺寸 N_1，如图 11 - 5 所示，确保顶部金具各部件安装到位。采用锥罩锥托时工艺的产品，在安装锥托前必须进行顶部金具的预装检查，尺寸控制满足工艺要求时才能进行锥托安装。安装过程除工艺要求使用专用工具紧固外，不得大力敲撞金具勉强安装。具体尺寸数据需严格参照实际施工厂家的工艺图纸量取。

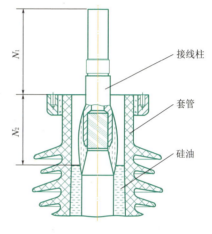

（2）清洁密封圈及其安装位置后烘干，将均匀涂抹密封脂的密封圈放入图纸规定的位置（请核对密封圈的规格尺寸）。

（3）按照厂家的力矩要求，使用力矩扳手紧固金具螺栓。

图 11 - 5　高压（超高压）电缆瓷/复合套管终端顶部金具安装示意图

6. 安装密封圈

（1）应清洁密封圈和密封槽后烘干，将均匀涂抹密封脂的密封圈正确放置在密封槽内。

（2）密封圈和密封槽均不得有毛发等杂质粘附，避免出现渗漏现象发生。

（3）尾管紧固前应检查并确保密封圈正确放置在图纸对应的位置上。

7. 安装屏蔽罩

对应相序颜色，逐一安装屏蔽罩。

8. 安装尾管

（1）安装金属尾管并紧固螺栓。

（2）金属尾管接地密封，详见第十三章和第十四章。

第十二章
高压（超高压）电缆 GIS 终端安装

第一节　高压（超高压）电缆 GIS 接头预处理

一、知识点

电缆 GIS 终端，也称为封闭式终端，目前国内新安装的 GIS 终端主要是指安装在气体绝缘封闭开关设备（GIS）内部以六氟化硫（SF_6）气体未外绝缘的电缆终端。

二、技能点

1. 读图

认识并读懂图 12-1～图 12-3 所示代号代表的电缆预处理尺寸及相应位置。

2. 电缆初始切断

（1）标记基准点。将电缆进行冷校直，清洁电缆外护套表面，其基准面一般为 GIS 电气设备气筒筒底的法兰面。

（2）标记电缆初始切断位置。按照图 12-1 所示的高压（超高压）电缆 GIS 终端预处理示意图一，从基准面向电缆末端向上量取 H_2 做电缆最终切断处的标记，预留 300～500mm，做电缆初始切断处标记。

（3）切断电缆。在电缆初始切断标记处将电缆切断，并移除多余电缆。

3. 电缆外护套剥切

（1）标记外护套断口位置。按照图 12-1 所示的高压（超高压）电缆 GIS 终端预处理示意图一，标记外护套断口位置。具体尺寸详见产品工艺图纸。

从电缆末端部向下量取长度 A_1，做外护套断口标记。

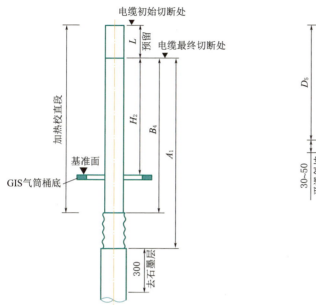

图 12-1　高压（超高压）电缆
GIS 终端预处理示意图一

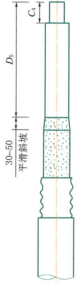

图 12-2　高压（超高压）电缆
GIS 终端预处理示意图二

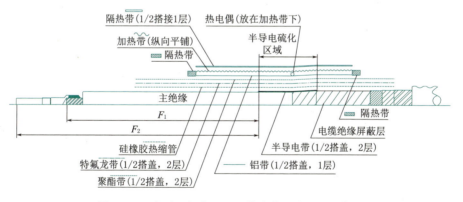

图 12-3　高压（超高压）电缆硫化工艺处理示意图

（2）剥切外护套。在外护套断口标记处切割，并移除多余的外护套。

（3）刮除石墨层。分别刮除电缆不少于 300mm 的石墨层。

4. 电缆底铅处理

参照第十三章"高压（超高压）电缆金属保护壳/尾管封铅"进行电缆金属套清洁及底铅处理。

5. 电缆金属套剥切

（1）标记金属套断口位置。按照图 12 - 1 所示的高压（超高压）电缆 GIS 终端预处理示意图一，分别标记金属套断口位置。具体尺寸详见产品工艺图纸。

从电缆末端向下量取长度量取 B_4，做电缆金属套断口标记。

（2）剥切金属套。在电缆金属套断口标记处切割，并移除多余的金属套。

6. 电缆加热校直

参照第九章"高压（超高压）电缆预处理"第四节"高压（超高压）电缆加热校直处理"进行电缆加热校直处理。

7. 电缆最终切断

（1）标记电缆最终切断位置。根据图 12 - 1 所示的高压（超高压）电缆 GIS 终端预处理示意图一，标记电缆 GIS 终端最终切断处位置。具体尺寸详见产品工艺图纸。

从基准面向电缆末端量取 H_2 做电缆 GIS 终端最终切断处标记。

（2）切断电缆。在电缆最终切断标记处切断电缆，并移除多余电缆。

8. 电缆主绝缘剥切

（1）标记主绝缘断口位置。根据图 12 - 2 所示的高压（超高压）电缆 GIS 终端预处理示意图二，标记电缆主绝缘断口。具体尺寸详见产品工艺图纸。

从电缆末端向下量取长度 C_4，做电缆 GIS 终端主绝缘断口标记。

（2）剥切主绝缘。在电缆主绝缘断口标记处切断电缆主绝缘，并移除多余主绝缘。

9. 电缆绝缘屏蔽处理

（1）标记绝缘屏蔽断口位置。根据图 12 - 2 所示的高压（超高压）电缆 GIS 终端预处理示意图二，标记电缆主绝缘屏蔽断口。具体尺寸详见产品工艺图纸。

从电缆末端向下量取长度 D_5，做电缆 GIS 终端主绝缘屏蔽断口标记。

（2）剥切绝缘屏蔽。在电缆 GIS 终端主绝缘屏蔽断口标记处，将标记之前的绝缘屏蔽层剥削移除，并完成绝缘屏蔽断口处理。

（3）硫化处理。如遇到产品工艺要求进行半导电断口硫化处理，可参考图 12 - 3 所示的高压（超高压）电缆硫化工艺处理示意图进行处理。具体尺寸详见产品工艺图纸。

1）从电缆末端（或出线柱顶端）向下量取长度 F_1（或 F_2），作为硫化后主绝缘屏蔽断口的标记。

2）按照产品的工艺尺寸要求绕包硫化用的半导电带、硅橡胶热缩管、特氟龙带、聚酯带、隔热带等带材，并按要求合理放置感温探头。

（3）按照产品工艺要求的温度、时间和操作流程完成半导电层的硫化、打磨、抛光处理。

10. 电缆打磨处理

（1）打磨电缆。按照第九章"高压（超高压）电缆预处理"第八节"高压（超高压）电缆打磨处理"进行电缆打磨处理，然后使用强光电筒仔细检查，确保打磨充分抛光到位。

（2）防尘密封。从金属套向 GIS 电缆端部绕包保鲜膜以密封防尘。

第二节　高压（超高压）电缆 GIS 终端安装前准备

一、知识点

电缆 GIS 终端安装工房。如果是户外 GIS 终端安装，则应搭设安装工房，对工房内的温度、湿度和洁净度进行控制，施工环境未满足前不得进行电缆 GIS 终端安装施工。在环境满足要求的变电站内进行安装可不搭设安装工房。

（1）110～220kV 高压电缆附件安装。环境温度应控制在 0～35℃，相对湿度应控制不超过 80%（建议不超过 70%），现场应没有明显灰尘飞舞的情况，有足够施工空间与合适的辅助设施。

（2）330～500kV 超高压电缆附件安装。在满足条件（1）的基础上，要求搭建的电缆附件安装工房能够密闭，房内应配置更衣室（或风淋除尘室）、带空气过滤装置的换气系统、空调等设备，确保现场温、湿度和空气洁净度完全满足电缆附件安装工艺要求。

二、技能点

1. 工具选择

（1）主要工具，包括吸尘器或吹风机、手扳葫芦、帆布带。

（2）可选设备，包括空调、抽湿机、空气净化装置、钢管、固定扣件、转向扣件等。

（3）主材辅料，包括热缩套、金属尾管、密封圈、应力锥托（如有）、环氧法兰、锥托接地线（如有）、PVC 胶带、保鲜膜、塑料薄膜等。

2. 安装前准备

（1）准备电缆 GIS 安装环境要求。

1）清理电缆预处理产生的各种垃圾，如果安装现场环境灰尘较大，即使在变电站内安装时也应搭设简易安装工房，加强洁净度的控制。

2）使用吸尘器或吹风机清洁安装人员衣裤上或换穿全新的防静电安装服（佩戴吸汗毛巾），确保安装人员衣裤、头发上没有可见灰尘、半导电颗粒等杂质掉落。

3）对电缆 GIS 终端安装区域进行全面清洁、整理，启用空调或抽湿机等设备，确保安装区域环境满足电缆附件安装工艺要求。

（2）核对关键尺寸、规格型号和检查关键部件外观。

1）复核应力锥内径与电缆主绝缘外径的过盈量是否满足产品工艺要求。

2）核对应力锥、环氧套管等关键部件规格型号，并检查产品出厂试验合格证，同时记录编号。

3）对应力锥、环氧套管外观进行检查，确保其外观完好，无破损、杂质、气泡或变形情况，包装、密封性完好，无受潮现象。如发现有瑕疵，应及时联系厂家更换，不得使用不合格的附件进行安装。

（3）确定电缆终端下方的电缆抱箍已紧固，电缆不会发生位移。

1）套装附件前，在电缆表面绕包一层保鲜膜和 2～3 层阻水带以加强对电缆的保护。

2）按照厂家工艺图纸，依次将对应规格的热缩套、金属尾管、密封圈、应力锥托先后套入电缆，放置在不影响后续施工的位置。

第三节　高压（超高压）电缆 GIS 终端导体连接

一、知识点

GIS 终端导体连接。高压电缆 GIS 终端导体连接主要有两种方式：一种是常规的六角膜压接工艺；另一种是使用厂家提供的专用液压装置将导体连接金具推压安装在电缆导体上。无论哪种安装方式均应注意保护动触头上的接触环（带），避免碰撞损伤，影响导电接触。

二、技能点

1. 工具选择

（1）主要工具：压接泵（带液压管）、压接钳头、工模、锉刀、热风枪、0.75t 手扳葫芦。

（2）可选工具：导体专用压紧装置（特殊工艺）、0.25t 手扳葫芦、出线柱校直工具（长木方、绑绳、小垫块）。

（3）主材辅料：导体出线柱（触头）、手打砂带、专用清洁巾等。

2. 压接设备选择

（1）选择压接工具。

1）压接式工艺。

a. 按照具体产品的压接工模对照表和电缆截面选择合适的压接工模。

b. 根据压接工模的宽度和电缆截面选择合适功率的压接泵，一般要求导体截面在 1000mm² 及以下电缆采用的压接泵出力应不小于 100t 双动式压接泵（带压力表），导体截面在 1000mm² 及以上电缆采用的压接泵出力应不小于 200t 双动式压接泵（带压力表）。

2）非压接式工艺。一般由产品厂家派技术人员到施工现场提供并指导使用专用的安装工具。

（2）准备导体连接管。压接式工艺如下：

1）压接前应打磨电缆导体，去除氧化层。打磨前应在电缆本体和应力锥表面绕包保鲜膜，避免黏附金属碎屑。

2）压接前应复核导体出线柱与导体是否匹配，一般情况下出线柱内径应不大于电缆导体外径 3mm；否则应该及时更换出线柱。

3. GIS 终端导体连接

（1）压接导体连接管。

1）压接前应在电缆本体绝缘表面依次绕包保鲜膜和阻水带等保护性带材，避免操作过程碰伤电缆。

2）套入出线柱，安装工模、压接泵和压接钳（或专用工具），做好压接准备。

3）导体出线柱应按照从上往下的顺序进行压接，压接时工模应完全合模且压力输出应达到 700MPa。第二道压接宜搭接在第一道压痕上，压接方向宜保持一致，压接痕迹距离出线柱压接段上下末端宜控制在 5～10mm。如遇特殊工艺需参照厂家工艺要求处理。

4）如压接后出线柱有弯曲变形情况，必须对其校直，使之满足后续安装工艺要求。校直前应做好保护措施，避免校直过程损伤电缆本体和应力锥。

（2）非压接式出线触头安装。

1）可参照具体产品工艺要求操作。

2）使用专用压紧工具进行推压时注意不得损伤应力锥或触头。

4. GIS 终端压接打磨

（1）使用锉刀、砂带打磨消除压接过程产生的飞边与毛刺。打磨前应在电缆本体和应力锥表面绕包保鲜膜，避免黏附金属碎屑。

（2）如压接时损伤电缆绝缘，则使用砂带重新打磨修复。

（3）（如有要求）按照厂家要求进行出线柱屏蔽处理。

第四节　高压（超高压）电缆 GIS 终端应力锥安装

一、知识点

1. 过盈量

它指处理后的电缆绝缘外径大于应力锥内径的正差值，这个差值应满足厂家工艺规定。如过盈量小于规定，界面压力过小，可能导致应力锥与电缆绝缘间产生气隙，进而引起局部放电；如过盈量大于规定，界面压力过大，可能会损伤应力锥，加速材料老化松弛。

2. 应力锥锥托

一套机械弹簧装置，用以保持应力锥与电缆之间的应力恒定，能延缓高电场和热电场作用下应力锥老化引起的界面压力松弛的问题。

二、技能点

1. 工具选择

（1）主要工具：硅脂棒、应力锥专用工具、电烙铁（含焊料）。

（2）主材辅料：应力锥、半导电带、绝缘带（如需）、铜网、铜扎线、防水带、PVC 胶带、专用清洁巾、硅脂（油）、塑料手套。

2. 绝缘屏蔽层屏蔽处理

（1）清洁电缆。使用产品配套的清洁巾清洁绝缘屏蔽层及铝护套与铜网接触部位后烘干。

（2）绕包带材。按照厂家工艺要求及图纸尺寸进行电缆半导电屏蔽处理，如依次以半重叠方式绕包半导电带、铜网、PVC 胶带（如有要求），带材需要拉伸至长度的 1.5～2 倍。

（3）接地处理。铜网搭接铝护套长度不宜少于 50mm，且应用铜扎线扎紧。铜网搭接处宜用焊锡焊牢。

3. 应力锥准备

（1）清洁应力锥。将应力锥清洁干净后烘干，再次检查确认应力锥内壁没有脏污或杂质后才能继续进行下一步工序。

（2）涂抹硅脂（油）。使用硅脂棒在应力锥内壁上均匀涂抹硅脂（油）。

（3）密封防尘。使用干净的保鲜膜将应力锥整体包裹密封，临时放置在安装地点附近备用。

4. 应力锥安装

（1）清洁电缆。拆除电缆本体的保护带材和保鲜膜，从绝缘层往半导电层方向单向清洁电缆，不得往返反复擦拭，清洁巾不得反复使用。如果清洁巾数量不足，建议采用不掉毛的干净纸巾湿润无水乙醇（建议纯度在 99.5% 及以上）后清洁，清洁后应使用热风枪烘干电缆。

（2）涂抹硅脂（油）。

1）佩戴干净的塑料手套，不得用手直接涂抹硅油。

2）在电缆绝缘表面和绝缘屏蔽斜坡上均匀涂抹硅脂（油）。如非立刻安装应力锥，则应临时在电缆表面绕包保鲜膜，密封防尘。

（3）标记应力锥安装位置。GIS 终端应力锥尺寸定位方法可参考套管式终端的常规应力锥定位方法。具体尺寸数据需严格参照实际施工厂家的工艺图纸量取。

（4）安装应力锥。

1）建议使用专用安装工具（工具需提前清洁），将应力锥拉至定位标记处。安装过程应注意应力锥受力情况，安装过程不得损伤电缆绝缘或应力锥。如果直接用手拉应力锥时，务必清洁干净并烘干双手，且手指不得留有突出指甲，避免划伤电缆绝缘。

2）如应力锥安装过程需要间断，应及时在电缆本体上绕包保鲜膜以隔绝灰尘。

3）清理溢出的多余硅脂（油）。

4）按照产品工艺要求进行应力锥固定与屏蔽接地工艺处理。

第五节　高压（超高压）电缆 GIS 终端部件安装及终端进仓

一、知识点

1. 基准面

基准面是电缆本体处理及附件安装的重要参照点，也是重要尺寸控制的起量点。GIS 终端指的基准面为法兰底座，具体所指位置可参照厂家工艺图纸。

2. 电缆 GIS 终端安装型式

目前国内常见电缆终端安装型式可分为插拔式和装配式，主要区别在于环氧套管的安装位置。插拔式 GIS 终端将环氧套管安装固定在 GIS 设备的气筒内，电缆插入或抽出相对简单、快捷；装配式 GIS 终端将环氧套管安装在电缆上，电缆上附件体积较大，电缆插入或抽出相对步骤较多、较难。

二、技能点

1. 工具选择

（1）主要工具：1.5t 拉链葫芦、0.75t 手扳葫芦、0.25t 手扳葫芦、帆布带、限力扳手、尖尾棘轮扳手、金具紧固专用工具（弧形扒）、六角匙套装。

（2）主材辅料：环氧套管（含垫圈）、环氧法兰、触头等金具、应力锥托、金属尾管、密封圈、密封脂、清洁巾、硅脂（油）、塑料手套、螺栓、保护材料（包保鲜膜小纸皮、棉布等）、PVC 胶带等。

2. GIS 终端进仓准备

（1）清洁电缆及环氧套管。拆除电缆表面保鲜膜，清洁并烘干电缆及环氧套管，不得使用清洁过金属部件和半导电部位的清洁巾清洁环氧套管的绝缘部位。

（2）清洁密封圈。密封圈均应清洁后烘干，佩戴干净的塑料手套均匀涂抹密封脂，按照厂家工艺图纸位置正确安装，并确保密封圈安装过程不发生位移。

（3）涂抹硅脂（油）。为确保环氧套管与应力锥间安装到位、贴合紧密，应在应力锥上锥体表面、电缆绝缘表面、绝缘屏蔽断口斜坡上均匀涂抹硅脂（油）。

（4）检查。环氧套管进仓固定前务必检查并确保环氧垫圈已正确放置在环氧法兰上表面，确定热缩套尾管、密封圈、应力锥托等部件已经提前套入电缆。

（5）标记电缆插入标记。

1）根据厂家工艺图纸量取 P_1 作为电缆插入到位标记。

2）根据厂家工艺图纸量取 P_2 作为复核标记。

3. GIS 终端进仓

（1）安装环氧套管及顶部金具。

1）插拔式工艺。

a. 打开 GIS 设备气筒底盖，将环氧套管和顶部连接金具安装固定在气筒内。

b. 严格按照具体产品的力矩要求进行紧固，力矩过大容易损坏 GIS 终端部件，力矩过小容易导致漏气情况发生。

2）装配式工艺。按照产品工艺及尺寸要求将环氧套管、固定压板、导体连接触头等金具部件安装固定在电缆上。安装过程注意对电缆和环氧套管的保护，避免发生碰撞。

（2）标记、复核相关尺寸。复核并确保电缆 GIS 终端环氧套管和顶部金具的尺寸，可参照具体的厂家工艺要求。例如，装配式 GIS 终端：检查并确保环氧套管上端面露出尺寸 N_3 满足厂家工艺要求，以确保环氧套管安装到位，图 12-4 所示为高压（超高压）电缆装配式 GIS 终端环氧安装尺寸示意图；插拔式 GIS 终端：P_1 为电缆插入深度标记，P_2 为复核尺寸，$P_2-P_1=$ 产品工艺尺寸，图 12-5 所示为高压（超高压）电缆插拔式 GIS 终端插入尺寸示意图。

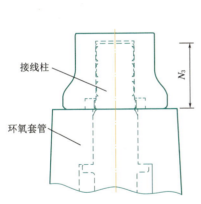

图 12-4　高压（超高压）电缆装配式
GIS 终端环氧安装尺寸示意图

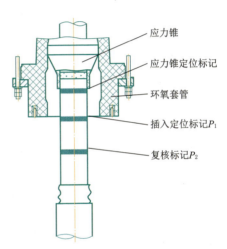

图 12-5　高压（超高压）电缆插拔式
GIS 终端插入尺寸示意图

（3）插入电缆。

1）将电缆向下插入降低至低于 GIS 设备气筒后插入 GIS 终端设备气筒内。

2）整个插入过程，电缆应保持与设备气筒底面垂直，不与 GIS 气筒或地面发生接触。在电缆 GIS 终端向上提升插入 GIS 设备气筒时，应采取有效措施确保环氧套管和导体（触头）不与 GIS 气筒发生直接刮蹭而损坏。

（4）安装环氧法兰。

1）环氧套管完全进仓固定前，检查并确保环氧垫圈已正确放置在环氧法兰上表面。

2）安装环氧法兰时，按照对角线的方式同步收紧环氧法兰螺栓，收紧顺序应错开相邻螺栓，避免环氧套管与环氧法兰的接触面受力不均匀。

3）使用限力扳手紧固螺栓时，应严格按照产品工艺要求的力矩进行设置。

4）当环氧法兰安装到位时，应套入并将第二螺母拧紧，然后将第一螺母和第二螺母相互锁紧，以防运行过程的震动导致螺母返松。

4. 锥托及尾管安装

（1）安装应力锥锥托。

1）安装应力锥锥托时，按照对角线的方式同步收紧对角螺栓，螺栓收紧的先后顺序应错开相邻螺栓，避免接触面受力不均匀。

2）当应力锥锥托安装到位时，应套入并将第二螺母拧紧，然后将第一螺母和第二螺母相互锁紧，以防运行过程的震动导致螺母返松。

（2）安装尾管。安装金属尾管和压接接地线耳时，尾管接地线耳、接地线线耳和接地极的位置（方向）应保持一致，走线弯曲平顺，避免因过大扭力导致尾管接地线耳开裂。

（3）调直并紧固电缆。

1）检查并调直 GIS 终端尾管向下 1000mm 范围的电缆，保持垂直于 GIS 气筒的中心位置，不应有弯曲受力情况。

2）检查并紧固 GIS 终端下方所有电缆抱箍。

（4）当应力锥托和环氧法兰安装到位时，应套入并将第二螺母拧紧，然后将第一螺母和第二螺母相互锁紧，以防运行过程的震动导致螺母返松。

（5）安装应力锥锥托接地铜编织带时，应将一端安装固定在收紧螺杆上，另一端焊接在金属套上。

（6）检查并紧固电缆 GIS 终端下方所有的电缆抱箍。

5. GIS 终端尾管封铅

参照第十三章"高压（超高压）电缆金属保护壳/尾管封铅"进行电缆 GIS 终端金属尾管封铅操作。

第十三章
高压（超高压）电缆金属保护壳/尾管封铅

第一节　高压（超高压）电缆铝护套清洁及底铅处理

一、知识点

1. 焊接底料（铝焊料）

以锌锡为主要成分，其中包括约 12％ 的锌和少量的银。锌能够在铝护套表面形成共晶合金，以增强接触；而锡能使焊接底料的熔点降低，以增强流动性。

2. 封铅焊条

电缆封铅用焊条由 65％ 铅和 35％ 锡配比并均匀混合后熔制而成，在 180～250℃ 的范围内呈现半熔融状态。这种配比下铅锡合金条具有较宽的可操作温度，如果铅含量过高，难以推动操作，如果锡比例过高，可操作温度范围变小，容易发生铅锡分离。

二、技能点

1. 工具选择

（1）主要工具：液化气喷枪（连接气瓶）、钢丝刷、搪铅专用布、灭火器、勺子。

（2）主材辅料：封铅焊条、焊接底料（铝焊料）硬脂酸、白蜡、碎布。

2. 金属套清洁

（1）清洁金属套。

1）外护套断口处宜临时使用高温布扎紧，以防沥青溢出影响后续封铅。

2）使用液化气喷枪和硬脂酸，加热熔化铝护套上的沥青，然后使用碎布擦除干净。注意不要长时间烧灼沥青，以免沥青干固黏结。

（2）消除氧化层。

1）使用钢丝刷打磨糙化封铅范围及周边铝护套，消除氧化层，以便提高封铅焊接底料与铝护套的结合度。

2）在铝护套清洁干净后，应保持干净，封铅部位不得沾染油污等杂质，以免影响焊料与铝护套的结合度。

3. 底铅处理

（1）封铅准备。

1）清理动火范围内塑料薄膜、废纸等可燃物，做好沥青的防滴漏措施。

2）封铅现场必须配置不少于两支灭火器，分别放置封铅范围外不远的位置，并确保灭火器合格有效。

（2）涂刷焊接底料（铝焊料）。

1）涂刷焊接底料（铝焊料）时，将封铅位置铝护套的温度加热至比焊接底料熔点略高，然后直接将焊接底料涂刷在铝护套上。

2）维持焊接底料（铝焊料）温度，使用钢丝刷顺着圆周方向对着焊接底料擦刷，反复上述操作，直至封铅位置表面有一层均匀的擦除不掉的锌锡镀层。不得烧熔焊接底料后直接滴在铝护套表面。

（3）焊接底铅。

1）将铅锡焊料加热至半熔融状态，搅拌均匀后放置在搪铅专用布上。

2）提前加热铅锡焊料，立刻接触和下一步要接触部位的温度至接近铅锡焊料半熔融状态时的温度，避免因温差过大导致上下层焊料和焊料与金属套之间黏结不牢的现象（虚焊）。

3）将搪铅布上的焊料模压在金属套上，通过推、拉、抹等手法填平波谷部位。当进行接头金属保护壳底铅处理时，推拉焊料经过底部时，应尽量提拉收尾在护套的侧边，避免接触不牢造成底铅大面积掉落。

4）进行封铅时，应重点控制封铅温度，尽量控制在 $180 \sim 250℃$，避免焊料温度过低硬化，无法推动，而焊料温度过高，则会出现铅锡分离，熔点较低的锡会熔化分离滴落。当温度过高，出现铅锡分离迹象时，可以使用白蜡对已完成的部位进行降温固型处理。

5）底铅处理过程应控制加热时间，不得长时间烧灼同一位置，以免局部温度过高烫伤电缆本体。建议控制上底铅时间：从液化气喷枪烧灼铝护套开始，110kV 电缆一般不宜超过 10min，220kV 大截面电缆不宜超过 12min，330kV 及以上电缆不宜超过 15min，底铅完成后不得灼伤绝缘屏蔽或绝缘层。

（4）冷却处理。

1）焊接底铅结束后，应采用白蜡进行冷却，不得使用冷水浇灌降温。

2）必须使用干净碎布将底铅表面残留的白蜡全部擦除干净，以免影响后续封铅作业的结合度。

4. 底铅检查

（1）控制尺寸。底铅处理完成后，底铅段铝护套波谷位置应完全填平，整体结合紧密呈现均匀的圆柱状，底铅长度宜控制在 120mm±20mm 内，厚度宜高出波峰位置 2～5mm。高压（超高压）电缆底铅处理尺寸示意图如图 13-1 所示。

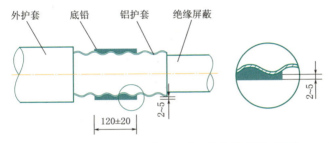

图 13-1　高压（超高压）电缆底铅处理尺寸示意图（单位：mm）

（2）质量要求。整个底铅与铝护套结合紧密、表面光滑，没有气泡、杂质和虚焊的情况；否则需要返工处理。重点检查底铅与金属套接触的边缘部位的接触。

第二节　高压（超高压）电缆金属保护壳/尾管封铅处理

一、知识点

封铅又称为搪铅，使用液化气喷枪加热电缆金属保护壳/尾管、电缆金属套和封铅焊料，然后将半熔融状态的封铅焊料通过手工处理形成一个金属保护壳/尾管和电缆金属套连接组成的密封结构。封铅工艺具有良好的防水密封性能和较高的机械强度，已成为目前国内主流接地密封工艺。

二、技能点

1. 工具选择

（1）主要工具：液化气喷枪（连接气瓶）、钢丝刷、搪铅专用布、灭火器、勺子。

（2）主材辅料：铅锡合金焊料、焊接底料（铝焊料）、硬脂酸、白蜡、碎布。

2. 金属保护壳/尾管封铅

（1）封铅准备。

1）清理动火范围内塑料薄膜、废纸等可燃物，做好沥青的防滴漏措施。

2）封铅现场必须配置不少于两支灭火器，分别放置封铅范围外不远的位置，并确保灭火器合格有效。

3）打磨清除金属保护壳/尾管和底铅上的氧化层。

（2）封铅处理。

1）将厂家配套的垫块塞入金属保护壳的两端口，使电缆居中，主要起支撑过渡和简易密封的作用，减少封铅用料，降低封铅难度。

2）将铅锡焊料加热至半熔融状态，搅拌均匀后放置在搪铅专用布上。

3）提前加热铅锡焊料，立刻接触和下一步要接触部位的温度至接近铅锡焊料半熔融状态时的温度，避免因温差过大导致上下层焊料和焊料与金属套之间黏结不牢的现象（虚焊）。

4）使用搪铅专用布通过推、拉、压、抹等动作将半熔融状态的焊料填充在金属保护壳/尾管与铝护套底铅的驳接口，并逐渐拓展造型。

5）进行封铅时，应重点控制封铅温度，尽量控制在 $180\sim250℃$ 之间，避免焊料温度过低硬化，无法推动，而焊料温度过高，则会出现铅锡分离，熔点较低的锡会熔化分离滴落。当温度过高，出现铅锡分离迹象时，可以使用白蜡对已完成部位进行降温固型处理。

6）底铅处理过程应控制加热时间，不得长时间烧灼同一位置，以免局部温度过高烫伤电缆本体。建议控制上底铅时间，从液化气喷枪烧灼金属套开始计算：110kV 不宜超过 18min，220kV 不宜过 24min，330kV 及以上不宜超过30min，封铅完成后不得灼伤绝缘屏蔽或绝缘层。

（3）冷却处理。

1）焊接底铅结束后应采用白蜡进行冷却，不得使用冷水浇灌降温。

2）必须使用干净碎布将底铅表面残留的白蜡全部擦除干净，以免影响后续绕包绝缘、防水带材的黏结。

3. 封铅检查

（1）控制尺寸。封铅处理完成后，封铅铅体形状呈梨状浑然一体为佳，封铅长度宜不小于120mm，分别搭接金属保护壳/尾管和电缆铝护套的长度不少于

60mm，厚度宜高出波峰位置 2～5mm，如图 13-2 所示。

（2）质量要求。整个封铅铅体应与电缆金属套、金属保护壳/尾管结合紧密、表面光滑，没有气泡、杂质和虚焊的情况；否则需要返工处理。重点检查底铅与金属套接触边缘部位的接触。

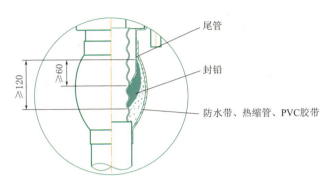

图 13-2　高压（超高压）电缆封铅尺寸示意图（单位：mm）

第十四章
高压（超高压）电缆接地系统安装

第一节 接地/同轴电缆处理与连接（附件侧）

一、知识点

（1）连续分段交叉互联：3个连续单元段（小段）组成一个单元（大段），大段电缆金属屏蔽层两端直接接地，电缆金属屏蔽层在两个中间接头处换位。大长度电缆通常由多个大段组成互连方式。

（2）回流线：与电缆线路中的电缆平行敷设的一根单独导体或单芯电缆，其本身构成闭合电路的一部分，其流过保护层感应电流产生的磁场与电缆中电流产生的磁场相反。

二、技能点

1. 选择工具

（1）主要工具：电动手提压接钳（配工模）、重型墙纸刀（25mm 刀片）、电剪、钢卷尺、锉刀、手锤。

（2）主材辅料：连接管/接地线耳、热缩套、玻璃片、砂带、绝缘带、防水带、PVC 胶带、记号笔。

2. 核对图纸（附件侧）

同轴电缆处理安装前应认真查阅交叉互连接线图，确定同轴电缆内层/外层电缆对应的电缆方向，从而确定内/外导体对应的压接位置。同一交叉互连大段内的两组中间接头的交叉互连方式应保持一致，同一组接头电缆金属保护壳上两接地柱与同轴电缆内导体和外导体连接方向也必须保持一致。如果接头金属保护壳双接地柱上没有标记接地柱的连接方向，则应使用万能表做导通测试，确认方向并做好方向标记。

3. 接地电缆（附件侧）开线

参照图 14-1 所示的接地电缆开线处理示意图（附件侧）进行接地电缆的开线处理。

（1）测量接地线耳内孔深度 R_1，从接地电缆末端向下量取 $R_1+5\text{mm}$，做绝缘断口标记。

（2）从接地电缆绝缘断口向下量取至少 250mm，做半导电层刮除（或剥离）标记。

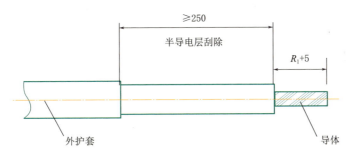

图 14-1 接地电缆开线处理示意图（附件侧，单位 mm）

4. 同轴电缆（附件侧）开线

参照图 14-2 所示的同轴电缆开线处理示意图（附件侧）进行同轴电缆的开线处理。

（1）从同轴电缆末端向下量取 Q_1，做外层电缆绝缘末端切断标记。

（2）测量连接管孔深度 L_2，从同轴电缆末端向下量取 $L_2/2+5\text{mm}$，做绝缘断口标记。

根据安装需求，将同轴电缆外导体全部扎成一束，使内导体和外导体平行且距离 Q_2 应与金属保护壳的（同向）两接地柱的间距一致。

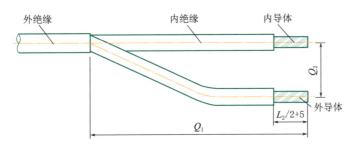

图 14-2 同轴电缆开线处理示意图（附件侧，单位：mm）

5. 接地线压接

接地线耳按照从上往下压接，接地缆连接管按照先中间后两侧的顺序压接，压痕方向应均匀一致，距离连接管/接地线耳的边缘应控制在 5～10mm 内为宜。压接后应使用锉刀打磨去除压接产生的尖角与毛刺。

6. 防水密封处理

按照厂家工艺要求与图纸对带材（绝缘带、防水带、PVC 胶带）绕包和收缩热缩做密封处理。带材绕包时应拉伸至长度的 1.5～2 倍。

第二节　保护器接地箱/交叉互连箱安装

一、知识点

（1）保护接地箱。为降低金属套或绝缘接头两侧护套的冲击电压，装有氧化锌阀片保护器的接地箱，使此单段电缆金属套一侧不接地的箱体，称为保护接地箱。常用于单端接地，另一端不接地的单段电缆线路接地使用。

（2）交叉互连箱。同一个交叉互连大段中的绝缘中间接头处，用于将不同相的电缆金属套按照同一种交叉互连驳接方式进行连接的箱体，称为交叉互连箱。如设计无要求，一般按照 A 芯接 C 皮、B 芯接 A 皮、C 芯接 B 皮，或者 A 芯接 B 皮、B 芯接 C 皮、C 芯接 A 皮的方式进行交叉互连。

（3）接头工井/终端场接地电阻要求。电缆线路接地要求应满足，终端接地电阻应不大于 0.5Ω，110kV 及以上电缆接头工井接地电阻应不大于 10Ω。

二、技能点

1. 选择工具

（1）主要工具：电动手提压接钳（配工模）、重型墙纸刀（25mm 刀片）、电剪、钢卷尺、尖尾棘轮扳手。

（2）可选工具：冲击钻、长柄 T 形头套筒。

（3）主材辅料：接地线耳、热缩套、玻璃片、砂带、绝缘带、防水带、PVC 胶带、记号笔。

2. 核对图纸（接地箱侧）

同轴电缆处理安装前应认真查阅交叉互连接线图，确定金属套交叉换位及接地方式，并确保同一个交叉互连段内的接线方式保持一致。

3. 接地电缆（接地箱侧）开线处理

参照图 14-3 所示的接地电缆（接地箱侧）开线处理示意图进行接地电缆的开线处理，图中经保护器接地箱/直接接地箱内导体夹座的高度 U_1，从接地电缆末端向下量取 U_1+2mm，做绝缘切断标记。

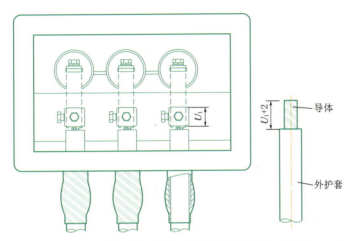

图 14-3　接地电缆（接地箱侧）开线处理示意图（单位：mm）

4. 同轴电缆（接地箱侧）开线处理

参照图 14-4 所示的同轴电缆开线处理示意图（互连箱侧）进行同轴电缆（接地箱侧）的开线处理。

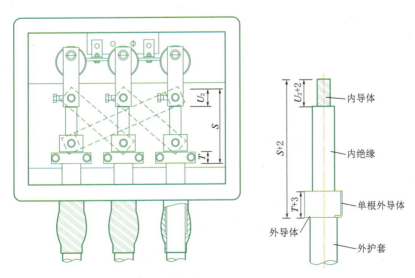

图 14-4　同轴电缆开线处理示意图（互连箱侧，单位：mm）

（1）实测交叉互连箱内导体夹座上表面至外导体夹座下表面的距离 S，实测外导体夹座的高度 T，从同轴电缆末端向下量取 $S+2$mm，做外护套切断标记，从外护套向上量取 $T+3$mm，做外导体的切断标记。

（2）实测内导体夹座的高度 U_2，从同轴电缆的内层电缆末端向下量取 U_2+2mm，做内层电缆绝缘切断标记。